特高压输电线路带电作业培训教材

标准化作业交流分册

AC Standard Working Volume

国家电网公司运维检修部　组编

中国电力出版社
CHINA ELECTRIC POWER PRESS

内 容 提 要

为培养高素质技能人才队伍，进一步提高特高压输电线路的运维工作水平，加快打造一支素质过硬、业务精湛的特高压输电线路带电作业队伍，国家电网公司运维检修部统筹一批优秀培训、技术和技能专家，认真总结、提炼公司特高压输电线路带电作业科研、试验和生产宝贵经验，精心策划、组织编写了《特高压输电线路带电作业培训教材》，共分为《基本知识分册》《标准化作业交流分册》和《标准化作业直流分册》《交流标准化作业演示》《直流标准化作业演示》五个分册。

本书为《标准化作业交流分册》，共包括 1000kV 交流输电线路典型带电作业项目的作业指导书九项，分别是带电更换直线塔 I 型复合绝缘子、带电更换直线塔单 V 型复合绝缘子、带电更换耐张塔横担侧 1～3 片绝缘子、带电更换耐张塔导线侧 1～3 片绝缘子、带电更换耐张绝缘子串任意单片绝缘子、带电补修导线、带电更换导线间隔棒、带电更换架空地线防振锤以及带电更换架空地线直线金具作业指导书，均按照国家电网公司标准化作业指导书格式编写；《交流标准化作业演示》为与《标准化作业交流分册》配套的典型带电作业项目的操作示范片，两者应配套使用。

本书可作为特高压输电线路带电作业的专项培训教材，还可作为输电线路运行检修、带电作业技术和技能人员的岗位培训教材与工作现场参考书，也可供大专院校相关专业师生阅读参考。

图书在版编目（CIP）数据

特高压输电线路带电作业培训教材. 标准化作业交流分册/国家电网公司运维检修部组编. —北京：中国电力出版社，2016.4
ISBN 978-7-5123-9224-3

Ⅰ.①特… Ⅱ.①国… Ⅲ.①特高压输电-输电线路-带电作业-技术培训-教材 Ⅳ.①TM726

中国版本图书馆 CIP 数据核字（2016）第 076722 号

中国电力出版社出版、发行
（北京市东城区北京站西街 19 号　100005　http://www.cepp.sgcc.com.cn）
汇鑫印务有限公司印刷
各地新华书店经售

*

2016 年 4 月第一版　2016 年 4 月北京第一次印刷
787 毫米×1092 毫米　16 开本　7.5 印张　168 千字
印数 0001—1500 册　定价 **32.00** 元

《特高压输电线路带电作业培训教材　交流标准化作业演示》

编　委　会

主　　任　王风雷

副 主 任　杜贵和　　张祥全

委　　员　王　剑　彭　波　冯　刚　彭　勇

马建国　谢　峰　刘　凯　向文祥

周桂萍　雷兴列　汤正汉　闫旭东

总 策 划　王　剑

演示人员　汤正汉　闫旭东　刘继承　李　明

胡洪炜　方思剑　张　剑　闫　宇

杨培峰　徐　炜

前 言

为大力实施国家电网公司"人才强企"战略，培养高素质技能人才队伍，进一步提高特高压输电线路的运维工作水平，加快打造一支素质过硬、业务精湛的特高压输电线路带电作业队伍，国家电网公司运维检修部统筹一批优秀培训、技术和技能专家，认真总结、提炼公司特高压输电线路带电作业科研、试验和生产宝贵经验，精心策划、组织编写了《特高压输电线路带电作业培训教材》，共分为《基本知识分册》《标准化作业交流分册》《标准化作业直流分册》《交流标准化作业演示》《直流标准化作业演示》五个分册。

本套教材以特高压输电线路带电作业人员能力需求和工作需要为抓手，注重现场实际与理论知识相结合。在编写原则上，突出完善知识体系、提升应用能力为核心；在内容定位上，遵循"知识够用、为技能服务"的原则，突出针对性和实用性，并涵盖了特高压输电线路带电作业最新的标准、规定以及新设备、新工具和新技术；在内容编排上，深入浅出，避免繁琐的理论推导，重点解释关键参数对于生产现场的现实指导意义。

本书为《标准化作业交流分册》，共包括1000kV交流输电线路典型带电作业项目的作业指导书九项，分别是带电更换直线塔Ⅰ型复合绝缘子、带电更换直线塔单Ⅴ型复合绝缘子、带电更换耐张塔横担侧1～3片绝缘子、带电更换耐张塔导线侧1～3片绝缘子、带电更换耐张绝缘子串任意单片绝缘子、带电补修导线、带电更换导线间隔棒、带电更换架空地线防振锤以及带电更换架空地线直线金具作业指导书，均按照国家电网公司标准化作业指导书格式编写；《交流标准化作业演示》为与《标准化作业交流分册》配套的典型带电作业项目的操作示范片，两者应配套使用。本书由国网湖北省电力公司编写，由国网技术学院统稿。

由于特高压输电线路带电作业技术尚处在探索阶段，加之编写时间仓促和能力有限，难免存在疏漏之处，恳请各位专家和读者提出宝贵意见，帮助我们修改完善。

编 者

2016 年 1 月

特高压输电线路带电作业培训教材
标准化作业交流分册

目 录

前言

项目一

带电更换 1000kV 交流输电线路直线塔 Ⅰ 型复合绝缘子作业指导书

编号：Q/×××

带电更换 1000kV×××线×××号直线塔×相 Ⅰ 型复合绝缘子作业指导书

编写：_____   ___年__月__日

审核：_____   ___年__月__日

批准：_____   ___年__月__日

作业负责人：_____

作业日期：   年 月 日   时至   年 月 日 时

一、适用范围

本作业指导书适用于带电更换 1000kV 交流输电线路直线塔 I 型复合绝缘子作业。本作业指导书示范案例为带电更换国家电网公司特高压试验基地 1000kV 交流单回试验线路 002 号直线塔左相 I 型复合绝缘子。

二、引用文件

GB/T 2900.55—2002　电工术语　带电作业

GB/T 6568—2008　带电作业用屏蔽服装

GB/T 13034—2008　带电作业用绝缘滑车

GB/T 13035—2008　带电作业用绝缘绳索

GB/T 14286—2008　带电作业工具设备术语

GB/T 18037—2000　带电作业工具基本技术要求与设计导则

GB/T 19185—2008　交流线路带电作业安全距离计算方法

GB/T 25726—2010　1000kV 交流带电作业用屏蔽服装

GB 50665—2011　1000kV 架空输电线路设计规范

DL/T 209—2008　1000kV 交流输电线路检修规范

DL/T 307—2010　1000kV 交流输电线路运行规程

DL/T 876—2004　带电作业绝缘配合导则

DL/T 877—2004　带电作业用工具、装置和设备使用的一般要求

DL/T 878—2004　带电作业用绝缘工具试验导则

DL/T 966—2005　送电线路带电作业技术导则

DL/T 976—2005　带电作业工具、装置和设备预防性试验规程

Q/GDW 304—2009　1000kV 直流输电线路带电作业技术导则

Q/GDW 1799.2—2013　国家电网公司电力安全工作规程（线路部分）

三、作业前准备

（一）前期工作安排

√	序号	内容	标准	责任人	备注
	1	现场勘察	勘察杆塔周围环境、缺陷部位和严重程度、导线规格、绝缘子规格、地形状况等，判断能否采用带电作业		
	2	查阅有关资料	查阅有关资料，确定使用的工具和材料型号，提出采用作业的方法，并编制作业指导书		
	3	办理工作票	工作负责人根据工作性质办理工作票，并申请停用自动重合闸		
	4	组织现场作业电工学习作业指导书	掌握整个操作程序，熟悉自己所担当的工作任务和操作中的危险点及控制措施		

项目一

（二）人员要求

√	序号	内 容	责任人	备注
	1	熟悉 Q/GDW 1799.2—2013《国家电网公司电力安全工作规程（线路部分）》,（简称《安规》）,并经考试合格		
	2	作业人员通过职业技能鉴定，并取得带电作业的资质证书		
	3	作业人员身体健康、精神状态应良好，并无妨碍作业的生理和心理障碍		
	4	所派工作负责人和工作班电工是否适当和充足，作业电工的技术水平能否适应所承担的工作任务		
	5	穿戴合格劳动保护服装，作业人员个人安全用具齐全		
	6	掌握紧急救护法、触电解救法		

（三）工器具

√	序号	名称	型 号	单位	数量	备注
	1	八分裂提线器		个	2	
	2	绝缘吊杆		套	2	
	3	液压丝杆		根	2	
	4	平面丝杆		根	2	
	5	电位转移棒		套	1	
	6	吊篮		套	1	
	7	吊篮轨迹绳	TJS-16	根	1	
	8	绝缘磨绳	TJS-18	根	1	
	9	绝缘传递绳	TJS-14	根	3	
	10	绝缘保护绳	TJS-16	根	4	
	11	绝缘滑车	JH10-1	个	4	
	12	2-2滑车	JH20-2	个	2	
	13	机动绞磨	3T	台	1	
	14	绝缘电阻表	5000V	块	1	
	15	风速风向仪		块	1	
	16	温湿度表		块	1	
	17	万用表		块	1	
	18	防潮帆布	2m×4m	块	6	
	19	专用接头		个	4	
	20	绝缘千斤		根	4	
	21	屏蔽服	屏蔽效率≥60dB （屏蔽面罩 屏蔽效率≥20dB）	套	5	
	22	防坠器	与杆塔防坠落装置型号对应	只	4	

注：绝缘工器具机械及电气强度均应满足《安规》要求，周期预防性及检查性试验合格。

（四）材料

√	序号	名称	型号	单位	数量	备注
	1	复合绝缘子	FXBZ-1000	支	1	

（五）危险点分析

√	序号	内　　容
	1	不办理工作票，不核对杆塔设备编号，可能造成的误登杆塔触电伤害事故
	2	不进行安全措施、技术措施和工作任务交底，可能造成的误操作事故
	3	等电位电工不穿全套合格屏蔽服或屏蔽服连接不牢可能造成的触电伤害事故
	4	等电位电工在进入电位前不认真检查 2-2 滑车组及吊篮的安装情况可能造成的高空坠落
	5	等电位电工在进入电位过程中不使用电位转移棒可能造成的触电伤害事故
	6	登塔时不检查脚钉和横斜材的紧固情况可能造成的高空坠落
	7	登塔和塔上作业时不使用防坠器或违反《安规》进行操作，等电位电工在作业过程中不打保护绳，可能造成的高空坠落
	8	地电位电工与带电体及等电位电工与接地体安全距离不够可能造成的触电伤害
	9	地面电工在作业过程中不加垫防潮帆布，不带防汗手套，导致工具受潮和污染，可能造成的触电伤害
	10	高空作业人员在作业过程中注意力不集中，发生高空落物，地面作业人员不按规定占位，可能造成的坠物伤人
	11	复合绝缘子串更换前未详细检查平面丝杆、绝缘吊杆、液压丝杠、八分裂提线器等的安装情况，可能导致受力部件不能正常工作，使绝缘子串在退出后，平面丝杆、绝缘吊杆、液压丝杠、八分提线器等不能承载导线荷载，可能造成的导线脱落事故
	12	绝缘工具的有效绝缘长度不够可能造成的导线对地放电
	13	复合绝缘子安装后，未详细检查球头、碗头、锁紧销的安装情况，可能造成的导线脱落事故
	14	地面电工在工作点正下方作业可能造成的物体打击

（六）安全措施

√	序号	内　　容
	1	带电作业必须在天气良好的情况下进行，如遇雷电（听见雷声、看见闪电）、雪、雹、雨、雾等，禁止进行带电作业，风力大于 5 级，或湿度大于 80％时，不宜进行带电作业
	2	在带电杆、塔上工作，必须使用安全带和戴安全帽。在杆塔上作业转位时，不得失去安全保护。登塔时手应抓牢。脚应踏实，安全带系在牢固部件上且位置合理，便于作业
	3	严格执行工作票制度，向调度申请停用自动重合闸。在带电作业过程中如设备突然停电，作业人员应视设备仍然带电
	4	现场所有工器具均应试验合格，不合格的和超出试验周期的工具严禁使用
	5	登塔前作业人员应核对线路双重名称，并对安全防护用品和防坠器进行试冲击检查，对安全带进行外观检查
	6	登塔过程中应使用塔上安装的防坠装置；杆塔上移动及转位时，作业人员必须攀抓牢固构件，安全带系在牢固部件上且位置合理，便于作业

√	序号	内　　　容
	7	等电位电工对接地体、地电位电工对带电体的最小安全距离不得小于 6.8m；绝缘工具有效绝缘长度不得小于 6.8m
	8	带电作业工具使用前，仔细检查确认没有损坏、受潮、变形、失灵，否则禁止使用，绝缘工具应使用 2500V 及以上绝缘电阻表进行分段绝缘检测（电极宽 2cm，极间宽 2cm），阻值应不低于 700MΩ
	9	地面电工操作绝缘工具时应戴清洁、干燥的手套，进入作业现场应将使用的带电作业工具应放置在防潮的帆布或绝缘垫上，防止绝缘工具在使用中脏污和受潮
	10	利用吊篮进入电位时，吊篮应在横担上合适位置可靠安装，由塔上电工对吊篮悬挂情况进行认真检查核对
	11	等电位电工在进出电位过程中，其与接地体和带电体之间的组合间隙不小于 6.9m
	12	地面电工配合等电位电工进出等电位时收放 2-2 滑车组控制绳应平稳，随时拉紧不得疏忽
	13	绝缘子串更换前，必须详细检查平面丝杆、专用接头、绝缘吊杆、液压丝杆、八分裂提线器等受力部件是否正常良好，经检查确认可靠后方可更换绝缘子串
	14	地面电工严禁在作业点垂直下方活动。塔上电工应防止高空落物，使用的工具、材料应用绳索传递，不得乱扔
	15	利用机动绞磨起吊绝缘子串时，绞磨应放置平稳。磨绳在磨盘上应绕有足够的圈数，绞磨尾绳必须由有带电作业经验的电工控制，随时拉紧，不可疏忽放松
	16	利用机动绞磨起吊复合绝缘子串时，必须检查绞磨及转向滑车的受力情况，确认无误后方可进行作业
	17	利用机动绞磨起吊复合绝缘子串时，复合绝缘子串应利用尾绳可靠控制，不得碰撞，防止损坏复合绝缘子串
	18	整串复合绝缘子连接或安装后应详细检查球头、碗头、锁紧销处于正常位置
	19	等电位电工应穿全套合格的屏蔽服，各部连接可靠，转移电位时必须使用电位转移棒
	20	在城镇、村庄附近居民活动频繁的地方，作业点附近应增设围栏，禁止非工作人员入内

（七）作业分工

√	序号	作业内容	分组负责人	作业人员
	1	工作负责人 1 名，全面负责作业现场的各项工作		
	2	专责监护人 1 名，负责作业现场的安全把控		
	3	地电位电工 2 名，负责安装吊篮、提线系统（平面丝杆、专用接头、绝缘吊杆、八分裂提线器、液压丝杆）、绝缘磨绳及配合等电位电工进出电位，拆装合成绝缘子串等		
	4	地面电工 5 名，负责传递工器具及合成绝缘子串等		
	5	等电位电工 2 名，配合地电位电工安装提线系统（平面丝杆、专用接头、绝缘吊杆、液压丝杆），操作液压丝杆转移导线荷载，拆装绝缘子串等		

四、作业程序

（一）开工

√	序号	内　　容	作业人员签字
	1	向调度申请开工，履行许可手续	
	2	正确合理的布置施工现场	
	3	工作负责人组织全体作业电工戴好安全帽在现场列队宣读工作票，交代工作任务、安全措施、注意事项，工作班成员明确后，进行签字	
	4	工作负责人发布开始工作的命令	

（二）作业内容及标准

√	序号	作业内容	作业步骤及标准	安全措施及注意事项	责任人签字
	1	检查工具	（1）塔上作业电工正确地穿戴好屏蔽服并检测合格，由工作负责人监督检查。 （2）正确佩戴个人安全用具（大小合适，锁扣自如），由工作负责人监督检查。 （3）测量风速风向、湿度，检查绝缘工具的绝缘性能，并做好记录。 （4）组装提线工具。 （5）组装新绝缘子	（1）金属、绝缘工具使用前，应仔细检查其是否损坏、变形、失灵。绝缘工具应使用 5000V 绝缘电阻表进行分段绝缘检测，电阻值应不低于 700MΩ，并用清洁干燥的毛巾将其擦拭干净。 （2）用万用表测量屏蔽服衣裤最远端点之间的电阻值不得大于 20Ω。工作负责人认真检查作业电工屏蔽服的连接情况。 （3）检查工具组装紧固情况	
	2	登塔	（1）核对线路双重名称无误后，塔上电工冲击检查安全带、防坠器受力情况。 （2）塔上电工携带绝缘传递绳登塔至横担作业点，选择合适位置系好安全带，将绝缘滑车和绝缘传递绳安装在横担合适位置。然后配合地面电工将绝缘传递绳分开作起吊准备	（1）核对线路双重名称无误后，方可登塔作业。 （2）登塔过程中应使用防坠器；杆塔上移动及转位时，不得失去安全保护，作业人员必须攀抓牢固构件。 （3）作业电工必须穿全套合格的屏蔽服，且全套屏蔽服必须连接可靠	
	3	安装滑车组及吊篮	（1）地面电工利用绝缘传递绳将吊篮、吊篮轨迹绳、绝缘保护绳及 2-2 绝缘滑车组传至横担。 （2）塔上电工将 2-2 绝缘滑车组及吊篮安装在横担上平面合适位置，将吊篮轨迹绳安装在横担合适位置	（1）传递时绝缘吊绳要起吊要平稳、无磕碰、无缠绕。 （2）吊篮安装好后由塔上电工对吊篮情况进行认真检查核对。 （3）2-2 滑车组及吊篮应在横担上合适位置可靠安装	

√	序号	作业内容	作业步骤及标准	安全措施及注意事项	责任人签字
	4	进入强电场	（1）一名等电位电工系好绝缘保护绳进入吊篮，地面电工缓慢松出2-2绝缘滑车组控制绳，待吊篮距带电导线约2m处放慢速度。 （2）在吊篮向导线继续移动过程中，等电位电工将电位转移棒置于手中面向带电导线，同时向工作负责人申请电位转移，得到同意后，等电位电工待吊篮距导线0.5m时迅速伸出电位转移棒，将其钩在最近的子导线上进行电位转移。 （3）地面电工再放松绝缘滑车组控制绳配合等电位电工登上导线进入电场。等电位电工进入电场后系好安全带，并根据作业需要决定是否解除绝缘保护绳，同时等电位电工要控制头部不超过导线侧均压环。 （4）地面电工收紧2-2绝缘滑车组控制绳，将吊篮向上传至横担部位。另一名等电位电工系好绝缘保护绳进入吊篮，用同样的方法进入电场	（1）进入等电位前，等电位电工要再次检查确认屏蔽服装各部位连接可靠后方能进行下一步操作。 （2）等电位电工进入电位前必须得到工作负责人的许可。 （3）等电位电工进入吊篮前必须系好保护绳。 （4）地面电工配合等电位电工进入等电位时收放滑车组控制绳应平稳。 （5）等电位电工在进入电位过程中与接地体和带电体两部分间隙所组成的组合间隙不得小于6.9m	
	5	安装工具并转移导线荷载	（1）地面电工将平面丝杆、绝缘吊杆、八分裂提线器、液压紧线系统等工具传递至工作位置，由等电位电工和地电位电工配合将绝缘子更换工具安装在需更换的复合绝缘子串两侧（顺绝缘子串垂直安装，平面丝杆、液压紧线系统安装在横担侧）。 （2）检查承力工具各部件安装可靠得到工作负责人同意后，地电位电工先收紧平面丝杆，待平面丝杆适当受力后，再收紧液压紧线系统，使绝缘子串松弛。 （3）检查承力工具受力正常得到工作负责人同意后，等电位电工拆开导线侧碗头挂板螺栓。 （4）地面电工将复合绝缘子串控制绳传递给等电位电工，等电位电工将其安装在复合绝缘子串尾部。 （5）地电位电工将绝缘传递绳系在复合绝缘子串上端，然后取出复合绝缘子串与球头挂环连接的锁紧销。地面电工启动机动绞磨，与地电位电工配合脱开复合绝缘子串与球头挂环的连接	（1）上、下作业电工要密切配合，所有作业电工要听从等工作负责人的统一指挥。 （2）地电位电工对带电体、等电位电工对接地体的最小安全距离不得小于6.8m。绝缘吊杆、绝缘绳索的有效绝缘长度不得小于6.8m。 （3）杆塔上、下传递工具绑扎绳扣应正确可靠，塔上电工不得高空落物。 （4）工具受力后应试冲击检查无误后，报告工作负责人，在得到工作负责人许可后，方可继续作业	

√	序号	作业内容	作业步骤及标准	安全措施及注意事项	责任人签字
	6	更换绝缘子串	（1）地面电工控制好复合绝缘子串控制绳，利用机动绞磨缓慢将复合绝缘子串放至地面。注意控制好复合绝缘子串的控制绳，不得碰撞承力工具、导线及杆塔。 （2）地面电工将绝缘传递绳和复合绝缘子串控制绳分别转移到新复合绝缘子上。 （3）地面电工启动机动绞磨，将新复合绝缘子串传递至塔上工作位置。地电位电工恢复新复合绝缘子串与球头挂环的连接，并复位锁紧销。 （4）地面电工缓慢松出机动绞磨使复合绝缘子串自然垂直，地电位电工恢复碗头挂板与金属联板的连接，并装好开口销	（1）绝缘子串起吊时应注意不要碰撞杆塔，地面电工应拉好绝缘子串尾绳。 （2）绳索不得与杆塔摩擦。绑扎绳扣应正确可靠。 （3）利用绞磨起吊绝缘子串时绞磨应安置平稳，尾绳应由有带电工作经验的电工控制，随时拉紧，不可疏忽放松。 （4）利用机动绞磨起吊绝缘子串时，必须检查绞磨及转向滑车的受力情况，无误后方可进行作业	
	7	拆除工具	（1）经检查复合绝缘子串连接可靠，得到工作负责人同意后，地电位电工松出液压紧线系统和平面丝杆。 （2）经检查复合绝缘子串受力正常得到工作负责人的同意后，地电位电工与等电位电工配合拆除平面丝杆、绝缘吊杆、八分裂提线器、液压紧线系统等，并传至地面	（1）复合绝缘子安装复位后，应详细检查各部位连接正常无误，并得到工作负责人的同意后方可拆除提线工具。 （2）工具在传递过程中不得碰撞杆塔，绑扎绳扣应正确可靠	
	8	退出电位	（1）一名等电位电工系好绝缘保护绳，将电位转移棒的金属端钩在子导线上，一只手握紧绝缘手柄，进入吊篮，然后保持手臂伸直状态使吊篮距子导线 0.5m。 （2）等电位电工向工作负责人申请退出电位，得到同意后，等电位电工迅速脱开电位转移棒与子导线的连接，并将电位转移棒收回放置在吊篮中。 （3）地面电工同时迅速收紧 2-2 绝缘滑车组控制绳，将吊篮向上拉至横担部位停住，然后等电位电工登上横担，并系好安全带。 （4）地面电工利用绝缘传递绳将吊篮传至另一名等电位电工处，等电位电工检查导线上无遗留物后进入吊篮，用同样的方法退出电位	（1）上、下作业电工要密切配合，听从工作负责人的指挥。 （2）等电位电工退出电位前必须得到工作负责人的许可。 （3）等电位电工进入吊篮前必须系好保护绳。 （4）地面电工配合等电位电工进入等电位时收放滑车组控制绳应平稳。 （5）等电位电工在退出电位过程中与接地体和带电体两部分间隙所组成的组合间隙不得小于 6.9m	
	9	拆除吊篮返回地面	（1）塔上电工配合拆除吊篮轨迹绳、绝缘保护绳、2-2 绝缘滑车组及吊篮，并传至地面。 （2）塔上电工检查塔上无遗留物后，向工作负责人汇报，得到工作负责人同意后携带绝缘传递绳下塔	（1）工具在传递过程中不得碰撞，绑扎绳扣应正确可靠。 （2）登塔过程中应使用塔上安装的防坠装置；杆塔上移动及转位时，不准失去安全保护，作业人员必须攀抓牢固构件	

項目一

（三）竣工

√	序号	内　　容	负责人员签字
	1	清理现场及工具，认真检查杆（塔）上有无遗留物，工作负责人全面检查工作完成情况，清点人数，无误后，宣布工作结束，撤离施工现场	
	2	通知调度工作完毕，履行工作票完工手续	

（四）消缺记录

√	序号	缺　陷　内　容	消除人员签字

五、验收总结

序号	检　修　总　结	
1	验收评价	
2	存在问题及处理意见	

六、指导书执行情况评估

评估内容	符合性	优		可操作项	
		良		不可操作项	
	可操作性	优		修改项	
		良		遗漏项	
存在问题					
改进意见					

七、设备/工具图

 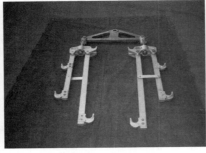 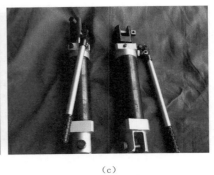

（a）　　　　　　　　　　　　（b）　　　　　　　　　　　　（c）

图 1-1　1000kV 交流输电线路直线塔Ⅰ型复合绝缘子及带电作业工具

（a）Ⅰ型复合绝缘子；（b）六分裂提线器；（c）液压丝杆

八、作业项目关键步骤及图片

关键步骤	图　　片
检测绝缘工具绝缘电阻	
屏蔽服连接检查	

关键步骤	图　片
气象条件检查	
安全带、防坠器、保护绳 冲击检查	

关键步骤	图　片
进电位	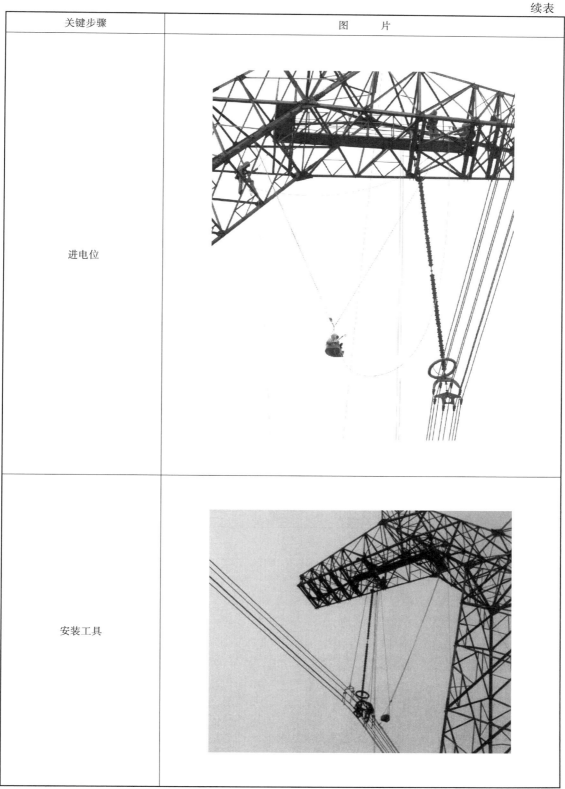
安装工具	

项目一

项目一

关键步骤	图　片
更换绝缘子	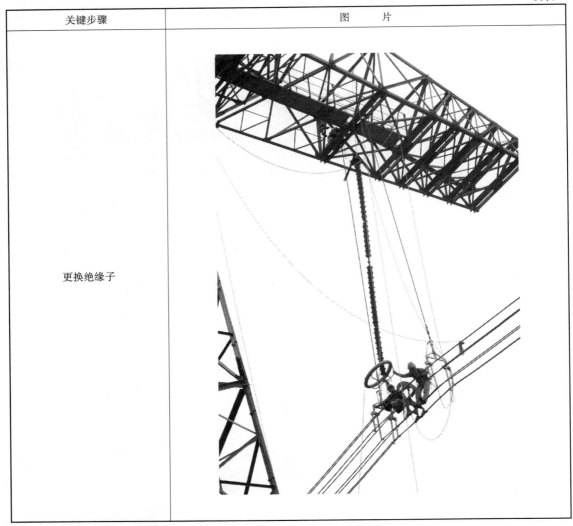

项目二

带电更换 1000kV 交流输电线路直线塔
单 V 型复合绝缘子作业指导书

编号：Q/×××

**带电更换 1000kV××线×××号直线塔×相
单 V 型复合绝缘子作业指导书**

编写：_____　　____年___月___日

审核：_____　　____年___月___日

批准：_____　　____年___月___日

作业负责人：_____

作业日期：　　年　月　日　　时至　　年　月　日　时

一、适用范围

本作业指导书适用于带电更换 1000kV 交流输电线路直线塔单 V 型复合绝缘子作业。本作业指导书示范案例为带电更换国家电网公司特高压试验基地 1000kV 交流单回试验线路 002 号直线塔中相单 V 型复合绝缘子。

二、引用文件

GB/T 2900.55—2002　电工术语　带电作业

GB/T 6568—2008　带电作业用屏蔽服装

GB/T 13034—2008　带电作业用绝缘滑车

GB/T 13035—2008　带电作业用绝缘绳索

GB/T 14286—2008　带电作业工具设备术语

GB/T 18037—2000　带电作业工具基本技术要求与设计导则

GB/T 19185—2008　交流线路带电作业安全距离计算方法

GB/T 25726—2010　1000kV 交流带电作业用屏蔽服装

GB 50665—2011　1000kV 架空输电线路设计规范

DL/T 209—2008　1000kV 交流输电线路检修规范

DL/T 307—2010　1000kV 交流输电线路运行规程

DL/T 876—2004　带电作业绝缘配合导则

DL/T 877—2004　带电作业用工具、装置和设备使用的一般要求

DL/T 878—2004　带电作业用绝缘工具试验导则

DL/T 966—2005　送电线路带电作业技术导则

DL/T 976—2005　带电作业工具、装置和设备预防性试验规程

Q/GDW 304—2009　1000kV 直流输电线路带电作业技术导则

Q/GDW 1799.2—2013　国家电网公司电力安全工作规程（线路部分）

三、作业前准备

（一）前期工作安排

√	序号	内容	标准	责任人	备注
	1	现场勘察	勘察杆塔周围环境、缺陷部位和严重程度、导线规格、绝缘子规格、地形状况等，判断能否采用带电作业		
	2	查阅有关资料	查阅有关资料，确定使用的工具和材料型号，提出采用作业的方法，并编制作业指导书		
	3	办理工作票	工作负责人根据工作性质办理工作票，并申请停用自动重合闸		
	4	组织现场作业电工学习作业指导书	掌握整个操作程序，熟悉自己所担当的工作任务和操作中的危险点及控制措施		

（二）人员要求

√	序号	内　　容	责任人	备注
	1	熟悉 Q/GDW 1799.2—2013《国家电网公司电力安全工作规程（线路部分）》，并经考试合格		
	2	作业人员通过职业技能鉴定，并取得带电作业的资质证书		
	3	作业人员身体健康、精神状态应良好，并无妨碍作业的生理和心理障碍		
	4	所派工作负责人和工作班电工是否适当和充足，作业电工的技术水平能否适应所承担的工作任务		
	5	穿戴合格劳动保护服装，作业人员个人安全用具齐全		
	6	掌握紧急救护法、触电解救法		

（三）工器具

√	序号	名称	型号	单位	数量	备注
	1	导线翼型卡		个	1	
	2	绝缘软拉棒		根	2	
	3	液压丝杆		根	2	
	4	张力转移器		台	1	
	5	绝缘传递绳	TJS-14	根	2	
	6	绝缘磨绳	TJS-16	根	1	
	7	人身后备保护绳	TJS-16	根	2	
	8	导线后备保护绳	$\phi32$	根	1	
	9	吊篮轨迹绳	TJS-$\phi16$	根	1	
	10	吊篮		个	1	
	11	电位转移棒		根	1	
	12	绝缘滑车	JH10-1	个	4	
	13	绝缘滑车	JH20-2	个	4	
	14	2-2绝缘滑车	JH20-2	个	2	
	15	机动绞磨	3T	台	1	
	16	U型环	8T	个	4	
	17	U型环	5T	个	4	
	18	U型环	3T	个	4	
	19	绝缘电阻表	5000V	块	1	
	20	风速风向仪		块	1	
	21	温湿度表		块	1	
	22	万用表		块	1	
	23	防潮帆布		块	5	
	24	专用接头		个	4	
	25	绝缘千斤		根	6	
	26	钢丝千斤		根	4	
	27	屏蔽服	屏蔽效率≥60dB（屏蔽面罩　屏蔽效率≥20dB）	套	5	
	28	防坠器		个	4	

注：绝缘工器具机械及电气强度均应满足《安规》要求，周期预防性及检查性试验合格。

（四）材料

√	序号	名称	型号	单位	数量	备注
	1	复合绝缘子	FXBZ-1000	支	1	

（五）危险点分析

√	序号	内　　容
	1	不办理工作票，不核对杆塔设备编号，可能造成的误登杆塔触电伤害事故
	2	不进行安全措施、技术措施和工作任务交底可能造成的误操作事故
	3	等电位电工不穿全套合格屏蔽服或屏蔽服连接不牢可能造成的触电伤害事故
	4	等电位电工在进入电位前不认真检查 2-2 滑车组及吊篮的安装情况可能造成的高空坠落
	5	等电位电工在进入电位过程中不使用电位转移棒可能造成的触电伤害事故
	6	登塔时不检查脚钉和横斜材的紧固情况可能造成的高空坠落
	7	登塔和塔上作业时不使用防坠器或违反《安规》进行操作，等电位电工在作业过程中不打保护绳，可能造成的高空坠落
	8	地电位电工与带电体及等电位电工与接地体安全距离不够可能造成的触电伤害
	9	地面电工在作业过程中不加垫防潮帆布，不带防汗手套，导致工具受潮和污染，可能造成的触电伤害
	10	高空作业人员在作业过程中注意力不集中，发生高空落物，地面作业人员不按规定占位，可能造成的坠物伤人
	11	复合绝缘子串更换前未详细检查液压丝杠、绝缘软拉棒、翼型卡等的安装情况，可能导致受力部件不能正常良好工作，使绝缘子串在退出后，液压丝杠、绝缘软拉棒、翼型卡等不能承载导线荷载，可能造成的导线脱落事故
	12	张力转移器转移绝缘子串张力前，未检查张力器各部位的情况，可能导致受力部件不能正常工作，在绝缘子串脱出后，张力转移器不能承受绝缘子串荷重，可能造成的复合绝缘子串脱落事故
	13	不加装导线后备保护，当绝缘子串退出运行后，提线工具发生故障而导致的导线脱落事故
	14	绝缘工具的有效绝缘长度不够可能造成的导线对地放电
	15	复合绝缘子连接或安装后未详细检查球头、碗头、锁紧销的安装情况可能造成的导线脱落事故
	16	地面电工在工作点下方作业过程中可能造成的物体打击

（六）安全措施

√	序号	内　　容
	1	本次作业应经现场勘察并编制带电更换整串复合绝缘子的现场作业指导书，经本单位技术负责人或主管生产负责人批准后执行
	2	严格执行工作票制度，向调度申请停用线路自动重合闸，并明确若线路跳闸，不经联系不得强送电
	3	带电作业必须在天气良好的情况下进行，如遇雷电（听见雷声、看见闪电）、雪、雹、雨、雾等，禁止进行带电作业，风力大于 5 级，或湿度大于 80% 时，不宜进行带电作业
	4	在带电杆、塔上工作，必须使用安全带和戴安全帽。在杆塔上作业转位时，不得失去安全带保护

√	序号	内　　容
	5	登塔前作业人员应核对线路双重名称，并对安全防护用品和防坠器进行试冲击检查，对安全带进行外观检查
	6	登塔过程中应使用塔上安装的防坠装置；杆塔上移动及转位时，作业人员必须攀抓牢固构件，安全带系在牢固部件上并且位置合理，便于作业
	7	严格执行工作票制度，向调度申请停用自动重合闸。在带电作业过程中如设备突然停电，作业人员应视设备仍然带电
	8	现场所有工器具均应试验合格，不合格的和超出试验周期的工具严禁使用
	9	地电位电工对带电体、等电位电工对接地体的最小安全距离不得小于 6.8（中相）/6.0（边相）m，绝缘工具有效绝缘长度不得小于 6.8m
	10	等电位电工在进出电位过程中，其与接地体和带电体之间的组合间隙不小于 6.9（中相）/6.7（边相）6.9m，转移电位时必须使用电位转移棒
	11	带电作业工具使用前，仔细检查确认没有损坏、受潮、变形、失灵。否则禁止使用，绝缘工具应使用 2500V 及以上绝缘电阻表进行分段绝缘检测（电极宽 2cm，极间宽 2cm），阻值应不低于 700MΩ
	12	地面电工操作绝缘工具时应戴清洁、干燥的手套，进入作业现场应将使用的带电作业工具放置在防潮的帆布或绝缘垫上，防止绝缘工具在使用中脏污和受潮
	13	利用吊篮进入电位时，篮应在横担上合适位置可靠安装，由塔上电工对吊篮悬挂情况进行认真检查核对
	14	复合绝缘子串更换前，必须详细检查液压丝杆、绝缘软拉棒、翼型卡等受力部件是否正常良好，经检查后认为无问题后方可更换绝缘子串
	15	进行复合绝缘子串更换时，导线必须有可靠的后备保护
	16	采用双液压丝杆提升导线时，两液压丝杆受力应均匀，工具受力转移导线荷载前应试冲击判别工具的可靠性
	17	当复合绝缘子串松弛后，杆塔作业方可收紧张力转移器，将复合绝缘子串横担侧连接金具脱开，并利用张力转移器进一步放松复合绝缘子串
	18	地面利用人力反束脱开和恢复安装导线侧复合绝缘子串时，用力应均匀，与导线侧操作人员应密切配合
	19	地面电工严禁在作业点垂直下方活动。塔上电工应防止高空落物，使用的工具、材料应用绳索传递，不得乱扔
	20	利用机动绞磨起吊复合绝缘子串时，绞磨应放置平稳。磨绳在磨盘上应绕有足够的圈数，绞磨尾绳必须由有带电作业经验的电工控制，随时拉紧，不可疏忽放松
	21	利用机动绞磨起吊复合绝缘子串时，必须检查绞磨及转向滑车的受力情况，无误后方可进行作业
	22	利用机动绞磨起吊复合绝缘子串时，复合绝缘子串应利用尾绳可靠控制，不得碰撞，防止损坏复合绝缘子串
	23	等电位电工应穿全套合格的屏蔽服，地电位电工应穿全套合格的屏蔽服各部分连接可靠
	24	整串复合绝缘子连接或安装后应详细检查球头、碗头、锁紧销处于正常位置
	25	在城镇、村庄附近居民活动频繁的地方，作业点附近应增设围栏，禁止非工作人员入内

项目二

（七）作业分工

√	序号	作业内容	分组负责人	作业人员
	1	工作负责人 1 名，全面负责作业现场的各项工作		
	2	专责监护人 1 名，负责作业现场的安全把控		
	3	地电位电工 2 名（3 号、4 号电工）负责安装张力转移器、绝缘传递绳、磨绳等，将提线系统、导线后备保护与杆塔施工孔相连，配合等电位电工进出电位，拆装绝缘子串		
	4	地面电工 6 名负责传递工器具		
	5	等电位电工 2 名（1 号、2 号电工）配合地电位电工安装导线后备保护、绝缘软拉棒、翼型卡、液压丝杆及操作液压丝杆转移导线荷载，拆装绝缘子串		

四、作业程序

（一）开工

√	序号	内　　　容	作业人员签字
	1	向调度申请开工，履行许可手续	
	2	正确合理的布置施工现场	
	3	工作负责人组织全体作业电工戴好安全帽在现场列队宣读工作票，交代工作任务、安全措施、注意事项，工作班成员明确后，进行签字确认	
	4	工作负责人发布开始工作的命令	

（二）作业内容及标准

√	序号	作业内容	作业步骤及标准	安全措施及注意事项	责任人签字
	1	检查工具	（1）塔上作业电工正确地穿戴好屏蔽服并检测合格，由工作负责人监督检查。 （2）正确佩戴个人安全用具（大小合适，锁扣自如），由工作负责人监督检查。 （3）测量风速风向、湿度，检查绝缘工具的绝缘性能，并做好记录。 （4）组装提线工具	（1）金属、绝缘工具使用前，应仔细检查其是否损坏、变形、失灵。绝缘工具应使用 5000V 绝缘电阻表进行分段绝缘检测，电阻值应不低于 700MΩ，并用清洁干燥的毛巾将其擦拭干净。 （2）用万用表测量屏蔽服衣裤最远端点之间的电阻值不得大于 20Ω。工作负责人认真检查作业电工屏蔽服的连接情况。 （3）检查工组装紧固情况。 （4）现场所使用的带电作业工具应放置在防潮帆布上	
	2	登塔	（1）核对线路双重名称无误后，塔上电工冲击检查安全带、防坠器受力情况。 （2）1 号、2 号、3 号、4 号电工携带 φ14 绝缘传递绳登塔至需更换侧 V 型复合绝缘子串挂点处，选择合适位置系好安全带，将绝缘滑车和绝缘传递绳安装在横担合适位置。然后配合地面电工将绝缘传递绳分开作起吊准备	（1）核对线路双重名称无误后，方可登杆塔作业。 （2）登杆塔过程中应使用防坠装置；杆塔上移动及转位时，作业人员必须攀抓牢固构件，且不得失去安全保护，安全带、保护绳应系在牢固部件。 （3）作业电工必须穿全套合格的屏蔽服，且全套屏蔽服必须连接可靠	

续表

✓	序号	作业内容	作业步骤及标准	安全措施及注意事项	责任人签字
	3	安装滑车组、吊篮及磨绳	(1) 地面电工利用φ14绝缘传递绳将吊篮、绝缘保护绳、绝缘轨迹绳及2-2绝缘滑车组传至工作位，4号电工将2-2绝缘滑车组可靠安装在横担上平面合适位置。 (2) 2号电工将绝缘保护绳、绝缘轨迹绳安装在横担（导线正上方横担位置）合适位置，（绝缘吊篮绳长度为横担至导线垂直距离＋操作长度）。 (3) 地面电工利用φ14绝缘传递绳将φ16绝缘磨绳、张力转移器传至4号电工工作位，由4号电工在横担上合适位置和复合绝缘子串连接金具上可靠安装	(1) 传递时绝缘吊绳要起吊要平稳、无磕碰、无缠绕。 (2) 吊篮安装好后由塔上电工对吊篮情况进行认真检查核对。 (3) 2-2滑车组及吊篮应在横担上合适位置可靠安装。 (4) 绝缘磨绳、张力转移器安装应牢固可靠	
	4	进入强电场	(1) 1号电工系好绝缘保护绳进入吊篮，地面电工缓慢放松2-2绝缘滑车组控制绳，将吊篮放至距带电导线约1m处停下。 (2) 在得到工作负责人的许可后，1号电工利用电位转移棒进行电位转移，地面电工进一步放松2-2滑车组控制绳将配合1号电工进入导线。 (3) 地面电工收紧2-2绝缘滑车组控制绳，将吊篮至横担部位。2号电工系好绝缘保护绳进入吊篮，用同样的方法进入电场。 (4) 1号、2号电工进入等电位后，在绝缘保护绳的保护下进行作业	(1) 等电位电工进入吊篮前应对吊篮进行试冲击检查，进入吊篮前要再次检查屏蔽服的连接情况，并得到工作负责人的许可。 (2) 进入电位后等电位电工只系保护绳、不要将安全带系在导线上，当保护绳长超过3m时，应加缓冲包。 (3) 等电位电工进入吊篮前必须系好保护绳。 (4) 地面电工必须随时拉好2-2滑车组，不得处于失控状态。 (5) 转移电位时必须使用电位转移棒。 (6) 等电位电工在进入电位过程中与接地体和带电体两部分间隙所组成的组合间隙不得小于6.9（中相）/6.7（边相）m	
	5	安装工具并转移导线荷载	(1) 3号电工携带绝缘传递绳至中相导线上方横担作业点，将绝缘滑车和绝缘传递绳安装在横担合适位置。 (2) 地面电工将分别将翼型卡、绝缘软拉棒、液压丝杆、导线后备保护绳传至工作位置，由3号电工与1号、2号电工配合绝缘子更换工具进行正确安装。 (3) 检查各部件连接无问题后，1号、2号电工收紧液压丝杆，使之稍受力，检查各受力点情况。 (4) 报经工作负责人同意后，1号、2号电工继续均匀收紧液压丝杆，使复合绝缘子串松弛	(1) 上、下作业电工要密切配合，所有作业电工要听从等工作负责人的统一指挥。 (2) 地电位电工对带电体、等电位电工对接地体的最小安全距离不得小于6.8（中相）/6.0（边相）m。绝缘软拉棒、绝缘绳索的有效绝缘长度不得小于6.8m。 (3) 杆塔上下传递工具绑扎绳扣应正确可靠，塔上电工不得高空落物。 (4) 导线后备保护绳必须安装可靠。将8根子导线全部兜住。 (5) 工具受力后应试冲击检查无误后，报告工作负责人，在得到工作负责人许可后，方可继续作业	

续表

√	序号	作业内容	作业步骤及标准	安全措施及注意事项	责任人签字
	6	拆除原绝缘子串	（1）4 号电工收紧张力转移器，拆开平行挂板处的连接螺栓，然后放松张力转移器约 300mm。 （2）1 号电工将 φ14 绝缘传递绳安装在复合绝缘子串尾部。并装好反束滑车，地面电工收紧反束绳。 （3）报经工作负责人同意，1 号电工取出碗头挂板螺栓。地面电工缓松反束绳，使绝缘子串自然垂直。 （4）地面电工装好起吊绝缘子串磨绳，启动机动绞磨，与 4 号电工配合拆除张力转移器。 （5）地面电工控制好复合绝缘子串尾绳，配合机动绞磨缓慢将复合绝缘子串放至地面	（1）绝缘子串在退出运行前，必须详细检查绝缘软拉棒、液压丝杆、张力转移器等受力部件是否正常良好，检查无问题后经负责人同意方可拆除。 （2）利用绞磨起吊绝缘子串时绞磨应安置平稳，尾绳应由有带电工作经验的电工控制，随时拉紧，不可疏忽放松。 （3）利用机动绞磨起吊绝缘子串时，必须检查绞磨及转向滑车的受力情况，无误后方可进行作业。 （4）绝缘子串尾绳应随时拉好，确保绝缘子串在下降过程中不碰撞杆塔	
	7	更换新绝缘子串	（1）地面电工将绝缘传递绳和复合绝缘子串尾绳分别转移到新复合绝缘子上。地面电工启动机动绞磨，将新复合绝缘子串传递至塔上 4 号电工工作位置。4 号电工恢复新复合绝缘子串与张力转移器的连接。 （2）地面电工缓慢松出机动绞磨使复合绝缘子串自然垂直。 （3）地面电工收紧复合绝缘子串尾部反束绳将复合绝缘子串尾部拉至导线侧 1 号电工工作位置。1 号电工恢复碗头挂板与导线联板的连接，并装好开口销。 （4）4 号电工收紧张力转移器，恢复平行挂板与新合成绝缘子的连接，并装好开口销	（1）绝缘子串起吊时地面电工应随时控制好合成绝缘子串的尾绳，确保合成绝缘子串不与杆塔发生碰撞。 （2）绳索不得与杆塔摩擦。绑扎绳扣应正确可靠。 （3）利用绞磨起吊绝缘子串时绞磨应安置平稳，尾绳应由有带电工作经验的电工控制，随时拉紧，不可疏忽放松。 （4）利用机动绞磨起吊绝缘子串时，必须检查绞磨及转向滑车的受力情况，无误后方可进行作业。 （5）张力转移器与复合绝缘子串连接应可靠	
	8	拆除工具	（1）经检查复合绝缘子串连接可靠后，报告工作负责人。1 号、2 号电工得到工作负责人同意后，松液压丝杆，使复合绝缘子串受力。 （2）经检查复合绝缘子串受力正常后，1 号、2 号、3 号电工与地电位电工配合拆除绝缘软拉棒、液压丝杆、翼型卡、导线后备保护绳等，并传至地面	（1）复合绝缘子安装复位后，应详细检查各部位连接正常无误，并得到工作负责人的同意后方可拆除提线工具。 （2）工具在传递过程中不得碰撞杆塔，绑扎绳扣应正确可靠	

续表

√	序号	作业内容	作业步骤及标准	安全措施及注意事项	责任人签字
	9	退出电位	（1）2号电工进入吊篮。在得到工作负责人的许可后，2号电工脱开电位转移棒与子导线的连接，并将电位转移棒迅速收回放在吊篮中。 （2）地面电工迅速收紧2-2绝缘滑车组控制绳，将吊篮拉至横担部位，2号电工登上横担，并系好安全带。 （3）地面电工放松2-2绝缘滑车组控制绳将吊篮传，由1号电工将吊篮拉至导线工作位置，1号电工检查导线上无遗留物，进入吊篮，在得到工作负责人的许可后，用同样的方法退出电位	（1）等电位电工退出电位前要检查屏蔽服的连接情况，并得到工作负责人的许可。 （2）等电位电工进入吊篮前必须系好保护绳。地面电工必须随时拉好2-2滑车组。 （3）转移电位时必须使用电位转移棒。 （4）等电位电工在退出电位过程中与接地体和带电体两部分间隙所组成的组合间隙不得小于6.9（中相）/6.7（边相）m	
	10	下塔返回地面	（1）3号、4号电工配合拆除绝缘保护绳、2-2绝缘滑车组及吊篮，张力转移器、绝缘磨绳等，并传至地面。 （2）塔上电工检查塔上无遗留物后，向工作负责人汇报，得到工作负责人同意后携带绝缘传递绳下塔返回地面	（1）工具在传递过程中不得碰撞，绑扎绳扣应正确可靠。 （2）下塔过程中应使用防坠装置；杆塔上移动及转位时，作业人员必须攀抓牢固构件，且不得失去安全保护	

（三）竣工

√	序号	内　　　容	负责人员签字
	1	清理现场及工具，认真检查杆（塔）上有无遗留物，工作负责人全面检查工作完成情况，清点人数，无误后，宣布工作结束，撤离施工现场	
	2	通知调度工作完毕，履行工作票完工手续	

（四）消缺记录

√	序号	缺　陷　内　容	消除人员签字

五、验收总结

序号	检　修　总　结	
1	验收评价	
2	存在问题及处理意见	

六、指导书执行情况评估

评估内容	符合性	优		可操作项	
		良		不可操作项	
	可操作性	优		修改项	
		良		遗漏项	
存在问题					
改进意见					

七、设备/工具图

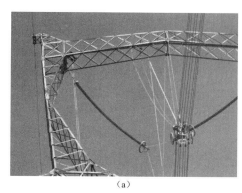 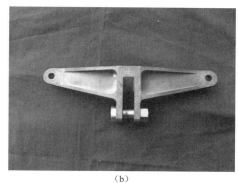

（a） （b）

图 2-1　1000kV 交流输电线路直线塔单 V 型复合绝缘子和带电作业工具

（a）单 V 型复合绝缘子；（b）导线侧翼型卡

八、作业项目关键步骤及图片

关键步骤	图　　片
检测绝缘工具绝缘电阻	
屏蔽服连接检查	

项目二

关键步骤	图　片
气象条件检查	
安全带、防坠器、保护绳 冲击检查	
组装工具	

关键步骤	图　片
进电位	
安装工具	
脱开横担侧连接	
脱开导线侧碗头挂板	

项目二

关键步骤	图　　片
更换绝缘子	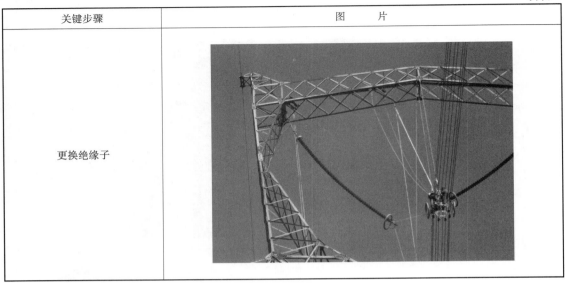

项目三

带电更换 1000kV 交流输电线路耐张塔横担侧 1～3 片绝缘子作业指导书

编号：Q/×××

带电更换 1000kV ×× 线 ××× 号耐张塔 × 相横担侧 1～3 片绝缘子作业指导书

编写：_____　　___年__月__日

审核：_____　　___年__月__日

批准：_____　　___年__月__日

作业负责人：_____

作业日期：　　年　月　日　　时至　　年　月　日　　时

一、适用范围

本作业指导书适用于带电更换 1000kV 交流输电线路耐张塔横担侧 1～3 片绝缘子作业。本作业指导书案例为带电更换国家电网公司特高压试验基地 1000kV 交流单回试验线路 001 号耐张塔右相横担侧 1～3 片绝缘子。

二、引用文件

GB/T 2900.55—2002　电工术语　带电作业

GB/T 6568—2008　带电作业用屏蔽服装

GB/T 13034—2008　带电作业用绝缘滑车

GB/T 13035—2008　带电作业用绝缘绳索

GB/T 14286—2008　带电作业工具设备术语

GB/T 18037—2000　带电作业工具基本技术要求与设计导则

GB/T 19185—2008　交流线路带电作业安全距离计算方法

GB/T 25726—2010　1000kV 交流带电作业用屏蔽服装

GB 50665—2011　1000kV 架空输电线路设计规范

DL/T 209—2008　1000kV 交流输电线路检修规范

DL/T 307—2010　1000kV 交流输电线路运行规程

DL/T 876—2004　带电作业绝缘配合导则

DL/T 877—2004　带电作业用工具、装置和设备使用的一般要求

DL/T 878—2004　带电作业用绝缘工具试验导则

DL/T 966—2005　送电线路带电作业技术导则

DL/T 976—2005　带电作业工具、装置和设备预防性试验规程

Q/GDW 304—2009　1000kV 直流输电线路带电作业技术导则

Q/GDW 1799.2—2013　国家电网公司电力安全工作规程（线路部分）

三、作业前准备

（一）前期工作安排

√	序号	内容	标准	责任人	备注
	1	现场勘察	勘察杆塔周围环境、缺陷部位和严重程度、导线规格、绝缘子规格、地形状况等，判断能否采用带电作业		
	2	查阅有关资料	查阅有关资料，确定使用的工具和材料型号，提出采用作业的方法，并编制作业指导书		
	3	办理工作票	工作负责人根据工作性质办理工作票，并申请停用自动重合闸		
	4	组织现场作业电工学习作业指导书	掌握整个操作程序，熟悉自己所担当的工作任务和操作中的危险点及控制措施		

（二）人员要求

√	序号	内　　　容	责任人	备注
	1	熟悉 Q/GDW 1799.2—2013《国家电网公司电力安全工作规程　线路部分》，并经考试合格		
	2	作业人员通过职业技能鉴定，并取得带电作业的资质证书		
	3	作业人员身体健康、精神状态应良好，并无妨碍作业的生理和心理障碍		
	4	所派工作负责人和工作班电工是否适当和充足，作业电工的技术水平能否适应所承担的工作任务		
	5	穿戴合格劳动保护服装，作业人员个人安全用具齐全		
	6	掌握紧急救护法、触电解救法		

（三）工器具

√	序号	名称	型号	单位	数量	备注
	1	耐张端部卡		个	1	
	2	液压丝杆		根	2	
	3	闭式卡（后卡）		个	1	
	4	绝缘传递绳	TJS-14	根	1	
	5	绝缘保护绳	TJS-16	根	4	
	6	绝缘操作杆	1000kV	套	1	
	7	绝缘滑车	JH05-1	个	1	
	8	绝缘电阻表	5000V	块	1	
	9	风速风向仪		块	1	
	10	温湿度表		块	1	
	11	万用表		块	1	
	12	绝缘子检测仪		块	1	
	13	防潮帆布	2m×4m	块	2	
	14	专用接头		个	2	
	15	屏蔽服	屏蔽效率≥60dB（屏蔽面罩屏蔽效率≥20dB）	套	2	
	16	防坠器	与杆塔防坠落装置型号对应	只	2	

注：绝缘工器具机械及电气强度均应满足《安规》要求，周期预防性及检查性试验合格。

（四）材料

√	序号	名称	型号	单位	数量	备注
	1	绝缘子		片		

项目三

（五）危险点分析

√	序号	内容
	1	登塔和塔上作业时违反《安规》进行操作可能引起的高空坠落
	2	地面电工在作业过程中不加垫防潮帆布，不带防汗手套，引起的工具受潮和污染
	3	地电位电工与带电体安全距离不够可能引起触电伤害
	4	绝缘子在更换前未详细检查端部卡、液压丝杆、闭式卡（后卡）等，可能导致受力部件不能正常良好工作，使绝缘子在退出后，端部卡、液压丝杆、闭式卡（后卡）等不能承载导线荷重，引起的导线脱落
	5	地电位电工所穿屏蔽服接触不良可能引起的触电伤害
	6	高空作业人员在作业过程中可能造成的坠物伤人
	7	不办理工作票，不核对杆塔设备编号，可能造成的误登塔触电伤害事故
	8	不进行安全措施、技术措施和工作任务交底可能造成的误操作事故

（六）安全措施

√	序号	内容
	1	带电作业必须在天气良好的情况下进行，如遇雷电（听见雷声、看见闪电）、雪、雹、雨、雾等，禁止进行带电作业，风力大于 5 级，或湿度大于 80％时，不宜进行带电作业
	2	严格执行工作票制度，作业前，工作负责人向试用调控人员报开工，并申请停用自动重合闸，且得到调控人员的许可后方可开始作业
	3	全体作业电工必须戴安全帽，高空作业电工登塔前应核对线路双重名称，检查杆根，并对安全防护用品和防坠器进行试冲击检查，同时还应进行外观检查
	4	高空作业电工必须使用全防护安全带，安全带应系在牢固部件上并且位置合理，便于作业，登塔和杆塔上移动及转位时，作业电工必须攀抓牢固构件，且始终不得失去安全保护
	5	带电作业过程中如设备突然停电，工作负责人应立即与调控人员联系，未经联系之前应视设备仍然带电，所有电工不得进行其他操作
	6	地电位电工应穿合格全套屏蔽服，戴屏蔽手套和屏蔽面罩，且各部连接可靠
	7	对于盘形瓷质绝缘子，作业前，应准确复测劣质绝缘子的位置和片数，扣除零（劣）值绝缘子、人体和工具短接绝缘子后，良好绝缘子（结构高度为195mm）最少片数不少于 37 片
	8	带电作业工具使用前，仔细检查确认没有损坏、受潮、变形、失灵。否则禁止使用，绝缘工具应使用 2500V 及以上绝缘电阻表进行分段绝缘检测（电极宽 2cm，极间宽 2cm），阻值应不低于 700MΩ
	9	地面电工操作绝缘工具时应戴清洁、干燥的手套，进入作业现场应将使用的带电作业工具应放置在防潮的帆布或绝缘垫上，防止绝缘工具在使用中脏污和受潮
	10	利用卡具更换绝缘子时，卡具安装应可靠，卡具受力转移导线荷载前应试冲击判定其可靠性。经检查后认为无问题后方可更换绝缘子
	11	地面电工严禁在作业点垂直下方活动。塔上电工应防止高空落物，使用的工具、材料应用绳索传递
	12	带电作业过程中，工作负责人（监护人）应认真监护，且监护的范围不得超过一个作业点
	13	地电位电工与带电体安全距离不得小于 6.8m，绝缘工具有效长度不得小于 6.8m
	14	地电位电工进行绝缘子更换时，应向工作负责人汇报，得到工作负责人许可后方可进行
	15	在城镇、村庄附近居民活动频繁的地方，作业点附近应增设围栏，禁止非工作人员入内

（七）作业分工

√	序号	作业内容	分组负责人	作业人员
	1	工作负责人1名，全面负责作业现场的各项工作		
	2	专责监护人1名，负责作业现场的安全把控		
	3	地电位电工1名，负责工器具安装及绝缘子更换工作		
	4	地面电工2名，负责传递工器具和绝缘子		

四、作业程序

（一）开工

√	序号	内　　　容	作业人员签字
	1	向调度申请开工，履行许可手续	
	2	正确合理的布置施工现场，并检测绝缘工具	
	3	工作负责人组织全体工作班成员现场列队宣读工作票，交代工作任务、安全措施、注意事项，并告知危险点，工作班成员明确后，进行签字	
	4	工作负责人发布开始工作的命令	

（二）作业内容及标准

√	序号	作业内容	作业步骤及标准	安全措施及注意事项	责任人签字
	1	检查工具	（1）等电位电工正确地穿戴好屏蔽服并检测，由负责人监督检查。 （2）正确佩戴个人安全用具（大小合适，锁扣灵活），由负责人监督检查。 （3）测量风速风向、湿度，检查绝缘工具的绝缘性能，并做好记录。 （4）对安全带、保护绳、轨迹绳、防坠器进行试冲击检查。 （5）检查并组装工器具。 （6）检测并清扫新绝缘子	（1）金属、绝缘工具使用前，应仔细检查其是否损坏、变形、失灵。 （2）绝缘工具使用前应使用5000V绝缘电阻表进行分段绝缘检测，电阻值应不低于700MΩ，硬质绝缘工具应用清洁干燥的毛巾将其擦拭干净。 （3）用万用表测量屏蔽服衣裤最远端点之间的电阻值不得大于20Ω。工作负责人认真检查作业电工屏蔽服的连接情况。 （4）作业现场应加垫防潮帆布，接触绝缘工具应戴防汗手套。 （5）新绝缘子应进行外观检查，并用绝缘电阻表在干燥、清洁的条件下检测，其阻值低于500MΩ的不得使用	
	2	登塔	（1）核对线路双重名称，检查杆根及基础。 （2）等电位电工携带绝缘传递绳登塔至横担耐张绝缘子串挂点处，系好安全带，并系好保护绳。 （3）等电位电工将绝缘滑车和绝缘传递绳安装在横担合适位置。配合地面电工作起吊准备	（1）核对线路双重名称无误后，杆根基础牢固可靠后方可登塔作业。 （2）登塔过程中应使用防坠器；杆塔上移动及转位时，不准失去安全保护，作业人员必须攀抓牢固构件。 （3）作业电工必须穿全套合格的屏蔽服，且全套屏蔽服必须连接可靠	

续表

√	序号	作业内容	作业步骤及标准	安全措施及注意事项	责任人签字
	3	检测绝缘子	（1）地面电工将绝缘操作杆及绝缘子检测仪传至塔上。等电位电工对绝缘子进行检测。 （2）检测工作由地电位侧向高电位侧进，并做好记录	（1）检测绝缘子工作必须逐片进行，接触必须可靠。 （2）当良好绝缘子少于 37 片时，立即停止作业	
	4	安装工具并转移导线张力	（1）地电位电工将安全带转移到绝缘子连接金具上，同时将绝缘滑车和绝缘传递绳移到合适位置安装。 （2）地面电工将耐张端部卡、闭式卡（前卡）、液压紧线系统分别传至地电位电工作业位置。 （3）地电位电工先在牵引板上安装耐张端部卡，后将闭式卡（前卡）安装在横担侧第 3 片绝缘子上，并连接好液压紧线丝杆。 （4）检查承力工具各部分安装情况，无误后，向工作负责人汇报，得到工作负责人同意后，地电位电工先预收紧丝杆，待丝杆适当受力后，再收紧液压紧线系统，使需更换的绝缘子松弛	（1）上、下作业电工要密切配合，地面电工要听从地电位电工的指挥。 （2）地电位电工要保持对带电体的最小安全距离不小于单回线路中相 6.8m（边相 6.0m），绝缘工具的有效长度大于 6.8m。 （3）上、下传递工具绑扎绳扣应正确可靠，地面电工严禁在作业点垂直下方活动。 （4）两丝杆受力应均匀。 （5）扣除劣质绝缘子和工具短接的绝缘子，其良好绝缘子（结构高度为 195mm）不得少于 37 片	
	5	更换绝缘子	（1）检查承力工具受力正常得到工作负责人同意后，地电位电工取出需更换绝缘子的上、下锁紧销，继续收紧液压紧线系统，直至取出旧绝缘子。 （2）地电位电工用绝缘传递绳系好旧绝缘子，同时地面电工也用绝缘传递绳的另一侧系好新绝缘子。采用旧下、新上的方法将新绝缘子传给地电位电工。 （3）地电位电工换上新绝缘子，并复位上、下锁紧销	（1）绝缘子更换前，必须详细检查闭式卡、端部卡、液压丝杆等部件的受力是否正常，检查确认无误报经工作负责人同意后方可更换绝缘子。 （2）对新绝缘子应使用 2500V 及以上绝缘电阻表进行测量，其绝缘电阻不小于 500MΩ。并进行外观检查，如有锈蚀、破损、裂纹等不得使用。 （3）操作时注意不要冲击端部卡、液压丝杆、闭式卡（后卡）。 （4）新、旧绝缘子上、下传递时不得碰撞。 （5）卡具受力转移导线荷载前应试冲击判定其可靠性	
	6	拆除工具	（1）检查新绝缘子连接可靠，得到工作负责人同意后，地电位电工松出液压紧线系统。 （2）地电位电工检查新绝缘子受力正常，得到工作负责人同意后，拆除更换工具并传递至地面	（1）新绝缘子更换完毕后，必须确认安装可靠，连接无误，锁紧销全部复位。 （2）工具在传递过程中不得碰撞，绑扎绳扣应正确可靠	
	7	返回地面	塔上电工检查塔上无遗留物后，向工作负责人汇报，得到工作负责人同意后携带绝缘传递绳下塔	下塔过程中应使用防坠器；杆塔上移动及转位时，必须攀抓牢固构件，且始终不得失去安全保护	

项目三

（三）竣工

√	序号	内　　容	负责人员签字
	1	清理现场及工具，认真检查杆（塔）上有无遗留物，工作负责人全面检查工作完成情况，清点人数，无误后，宣布工作结束，撤离施工现场	
	2	通知调度工作完毕，履行工作票完工手续	

（四）消缺记录

√	序号	缺　陷　内　容	消除人员签字

五、验收总结

序号	检　修　总　结	
1	验收评价	
2	存在问题及处理意见	

六、指导书执行情况评估

评估内容	符合性	优		可操作项	
		良		不可操作项	
	可操作性	优		修改项	
		良		遗漏项	
存在问题					
改进意见					

七、设备/工具图

 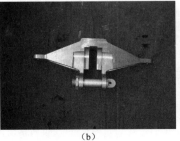 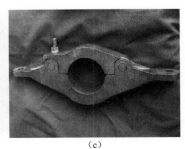

（a）	（b）	（c）

图 3-1　1000kV 交流输电线路耐张塔绝缘子串及带电作业专用工具

（a）耐张塔绝缘子串；（b）耐张端部卡；（c）闭式卡

八、作业项目关键步骤及图片

关键步骤	图 片
检测绝缘工具绝缘电阻	
屏蔽服连接检查	
气象条件检查	

项目三

项目三

关键步骤	图 片
安全带、防坠器、保护绳 冲击检查	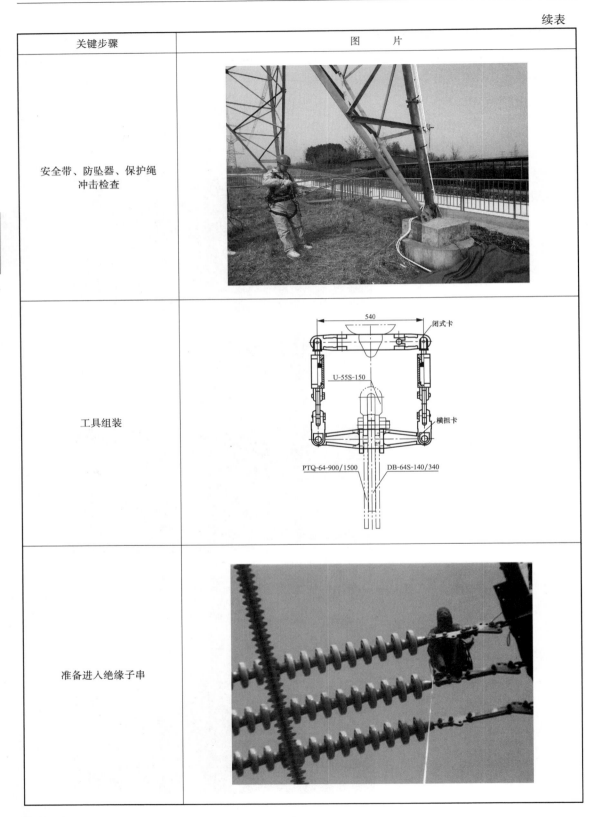
工具组装	
准备进入绝缘子串	

关键步骤	图　　片
安装工具	
转移导线荷载	
更换绝缘子	

项目三

关键步骤	图　片
更换绝缘子	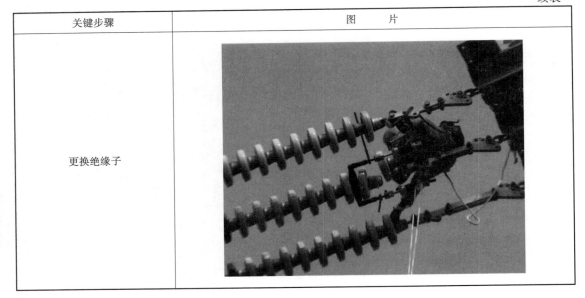

项目三

项目四

带电更换 1000kV 交流输电线路耐张塔导线侧 1~3 片绝缘子作业指导书

编号：Q/×××

带电更换 1000kV××线×××号耐张塔×相导线侧 1~3 片绝缘子作业指导书

编写：_____   ___年__月__日

审核：_____   ___年__月__日

批准：_____   ___年__月__日

作业负责人：_____

作业日期：   年 月 日   时至   年 月 日 时

一、适用范围

本作业指导书适用于带电更换 1000kV 交流输电线路耐张塔导线侧 1～3 片绝缘子作业。本作业指导书示范案例为带电更换国家电网公司特高压试验基地 1000kV 交流单回试验线路 001 号耐张塔右相导线侧 1～3 片绝缘子。

二、引用文件

GB/T 2900.55—2002　电工术语　带电作业

GB/T 6568—2008　带电作业用屏蔽服装

GB/T 13034—2008　带电作业用绝缘滑车

GB/T 13035—2008　带电作业用绝缘绳索

GB/T 14286—2008　带电作业工具设备术语

GB/T 18037—2000　带电作业工具基本技术要求与设计导则

GB/T 19185—2008　交流线路带电作业安全距离计算方法

GB/T 25726—2010　1000kV 交流带电作业用屏蔽服装

GB 50665—2011　1000kV 架空输电线路设计规范

DL/T 209—2008　1000kV 交流输电线路检修规范

DL/T 307—2010　1000kV 交流输电线路运行规程

DL/T 876—2004　带电作业绝缘配合导则

DL/T 877—2004　带电作业用工具、装置和设备使用的一般要求

DL/T 878—2004　带电作业用绝缘工具试验导则

DL/T 966—2005　送电线路带电作业技术导则

DL/T 976—2005　带电作业工具、装置和设备预防性试验规程

Q/GDW 304—2009　1000kV 直流输电线路带电作业技术导则

Q/GDW 1799.2—2013　国家电网公司电力安全工作规程（线路部分）

三、作业前准备

（一）前期工作安排

√	序号	内容	标准	责任人	备注
	1	现场勘察	勘察杆塔周围环境、缺陷部位和严重程度、导线规格、绝缘子规格、地形状况等。判断能否采用带电作业		
	2	查阅有关资料	查阅有关资料，确定使用的工具和材料型号，提出采用作业的方法，并编制作业指导书		
	3	办理工作票	工作负责人根据工作性质办理工作票，并申请停用自动重合闸		
	4	组织现场作业电工学习作业指导书	掌握整个操作程序，熟悉自己所担当的工作任务和操作中的危险点及控制措施		

（二）人员要求

√	序号	内　　容	责任人	备注
	1	熟悉 Q/GDW 1799.2—2013《国家电网公司电力安全工作规程　线路部分》，并经考试合格		
	2	作业人员通过职业技能鉴定，并取得带电作业的资质证书		
	3	作业人员身体健康、精神状态应良好，并无妨碍作业的生理和心理障碍		
	4	所派工作负责人和工作班电工是否适当和充足，作业电工的技术水平能否适应所承担的工作任务		
	5	穿戴合格劳动保护服装，作业人员个人安全用具齐全		
	6	掌握紧急救护法、触电解救法		

（三）工器具

√	序号	名称	型号	单位	数量	备注
	1	液压丝杆		根	2	
	2	导线端部卡		个	1	
	3	闭式卡（前卡）		个	1	
	4	绝缘操作杆	1000kV	套	1	
	5	电位转移棒		根	1	
	6	拔销器		把	1	
	7	绝缘传递绳	TJS-14	根	2	
	8	绝缘保护绳	TJS-16	根	2	
	9	绝缘滑车	JH05-1	个	1	
	10	绝缘子检测仪		块	1	
	11	绝缘电阻表	5000V	块	1	
	12	风速风向仪		块	1	
	13	温湿度表		块	1	
	14	万用表		块	1	
	15	防潮帆布	2m×4m	块	2	
	16	专用接头		个	2	
	17	防坠器	与杆塔防坠落装置型号对应	只	2	
	18	屏蔽服	屏蔽效率≥60dB（屏蔽面罩屏蔽效率≥20dB）	套	2	

注：绝缘工器具机械及电气强度均应满足《安规》要求，周期预防性及检查性试验合格。

（四）材料

√	序号	名称	型号	单位	数量	备注
	1	绝缘子		片	1	

（五）危险点分析

√	序号	内　　容
	1	登塔和塔上作业时违反《安规》进行操作，等电位作业人员在作业过程中不系保护绳，可能引起的高空坠落
	2	地面电工在作业过程中不加垫防潮帆布，不带防汗手套，引起的工具受潮和污染
	3	等电位电工与接地体安全距离不够可能引起的触电伤害
	4	绝缘子在更换前未详细检查闭式卡（前卡）、液压丝杆、端部卡等，可能导致受力部件不能正常良好工作，使绝缘子在退出后，闭式卡（前卡）、液压丝杆、端部卡等不能承载导线荷重，引起的导线脱落
	5	等电位电工所穿屏蔽服接触不良可能引起的触电伤害
	6	等电位电工在沿绝缘子串进入电位过程中，其组合间隙不满足《安规》要求，可能引起的触电伤害
	7	绝缘工具的有效绝缘长度不够可能引起的导线对地放电
	8	高空作业人员在作业过程中可能造成的坠物伤人
	9	不办理工作票，不核对杆塔设备编号，可能造成的误登塔触电伤害事故
	10	不进行安全措施、技术措施和工作任务交底可能造成的误操作事故

（六）安全措施

√	序号	内　　容
	1	带电作业必须在天气良好的情况下进行，如遇雷电（听见雷声、看见闪电）、雪、雹、雨、雾等，禁止进行带电作业，风力大于 5 级，或湿度大于 80％时，不宜进行带电作业
	2	严格执行工作票制度，作业前，工作负责人向调控人员报开工，并申请停用自动重合闸，且得到调控人员的许可后方可开始作业
	3	全体作业电工必须戴安全帽，高空作业电工登塔前应核对线路双重名称，检查杆根，并对安全防护用品和防坠器进行试冲击检查，同时还应进行外观检查
	4	高空作业电工必须使用全防护安全带，安全带系在牢固部件上并且位置合理，便于作业，登塔和杆塔上移动及转位时，作业电工必须攀抓牢固构件，且始终不得失去安全保护
	5	带电作业过程中如设备突然停电，工作负责人应立即与调控人员联系，未经联系之前应视设备仍然带电，所有电工不得进行其他操作
	6	等电位电工应穿合格全套屏蔽服，戴屏蔽手套和屏蔽面罩，且各部连接可靠
	7	对于盘形瓷质绝缘子，作业前，应准确复测劣质绝缘子的位置和片数，采用自由作业法进入电位时，扣除零（劣）值绝缘子、人体和工具短接绝缘子后，良好绝缘子最少片数不少于 37 片
	8	采用自由作业法进入电位，当作业人员平行移动至距导线侧均压环三片绝缘子处，应停止移动，利用电位转移棒进行电位转移
	9	带电作业工具使用前，仔细检查、确认没有损坏、受潮、变形、失灵。否则禁止使用，绝缘工具应使用 2500V 及以上绝缘电阻表进行分段绝缘检测（电极宽 2cm，极间宽 2cm），阻值应不低于 $700M\Omega$
	10	地面电工操作绝缘工具时应戴清洁、干燥的手套，进入作业现场应将使用的带电作业工具应放置在防潮的帆布或绝缘垫上，防止绝缘工具在使用中脏污和受潮
	11	利用卡具更换绝缘子时，卡具安装应可靠，卡具受力转移导线荷载前应试冲击判定其可靠性。经检查后认为无问题后方可更换绝缘子
	12	地面电工严禁在作业点垂直下方活动。塔上电工应防止高空落物，使用的工具、材料应用绳索传递
	13	带电作业过程中，工作负责人（监护人）应认真监护，且监护的范围不得超过一个作业点

续表

√	序号	内　　容
	14	等电位电工在作业过程中与接地体和带电体两部分间隙所组成的组合间隙不得小于中相6.9m（边相6.7m）。绝缘工具有效长度不得小于6.8m
	15	等电位电工进、出电位和转移作业位置，均应向工作负责人汇报，得到工作负责人许可后方可进行
	16	在城镇、村庄附近居民活动频繁的地方，作业点附近应增设围栏，禁止非工作人员入内

（七）作业分工

√	序号	作业内容	分组负责人	作业人员
	1	工作负责人1名，全面负责作业现场的各项工作		
	2	专责监护人1名，负责现场安全管控		
	3	等电位电工1名，负责安装闭式卡（前卡）、液压丝杆、端部卡及更换绝缘子		
	4	地面电工2名，负责传递工器具和绝缘子		

四、作业程序

（一）开工

√	序号	内　　容	作业人员签字
	1	向调度申请开工，履行许可手续	
	2	正确合理的布置施工现场，并检测绝缘工具	
	3	工具检测合格后，工作负责人组织全体作业电工在现场列队宣读工作票，交代工作任务、安全措施、注意事项，并告知危险点，工作班成员明确后，进行签字	
	4	工作负责人发布开始工作的命令	

（二）作业内容及标准

√	序号	作业内容	作业步骤及标准	安全措施及注意事项	责任人签字
	1	检查工具	（1）等电位电工正确地穿戴好屏蔽服并检测合格，由负责人监督检查。 （2）正确佩戴个人安全用具（大小合适，锁扣灵活），由负责人监督检查。 （3）测量风速风向、湿度，检查绝缘工具的绝缘性能，并做好记录。 （4）对安全带、保护绳、轨迹绳、防坠器进行试冲击检查。 （5）检查并组装工器具。 （6）检测并清扫新绝缘子	（1）金属、绝缘工具使用前，应仔细检查其是否损坏、变形、失灵。 （2）绝缘工具使用前应使用2500V及以上绝缘电阻表进行分段绝缘检测，电阻值应不低于700MΩ，硬质绝缘工具应用清洁干燥的毛巾将其擦拭干净。 （3）用万用表测量屏蔽服衣裤最远端点之间的电阻值不得大于20Ω。工作负责人认真检查作业电工屏蔽服的连接情况。 （4）作业现场应加垫防潮帆布，接触绝缘工具应戴防汗手套。 （5）新绝缘子应进行外观检查，并使用绝缘电阻表在干燥、清洁的条件下检测，其阻值低于500MΩ的不得使用	

项目四

续表

√	序号	作业内容	作业步骤及标准	安全措施及注意事项	责任人签字
	2	登塔	（1）核对线路双重名称，检查杆根及基础。 （2）等电位电工携带绝缘传递绳登塔至横担耐张绝缘子串挂点处，打好安全带，并系好保护绳。 （3）等电位电工将绝缘滑车和绝缘传递绳安装在横担合适位置。配合地面电工作起吊准备	（1）核对线路双重名称无误后，杆根基础牢固可靠方可登塔作业。 （2）登塔过程中应使用防坠器；杆塔上移动及转位时，不准失去安全保护，作业人员必须攀抓牢固构件。 （3）作业电工必须穿全套合格的屏蔽服，且全套屏蔽服必须连接可靠	
	3	检测绝缘子	（1）地面电工将绝缘操作杆及绝缘子检测仪传至塔上。等电位电工对绝缘子进行检测。 （2）检测工作由地电位侧向高电位侧进，并做好记录	（1）检测绝缘子工作必须逐片进行，接触必须可靠。 （2）当良好绝缘子少于 37 片，立即停止作业	
	4	进入强电场	（1）等电位电工将安全带转移到绝缘子连接金具上，并戴好绝缘滑车和绝缘传递绳。 （2）等电位电工检查屏蔽服各部分连接良好后报经工作负责人同意，双手抓扶一串，双脚踩另一串，采用"跨二短三"方法沿绝缘子串进入等电位。 （3）当作业人员平行移动至距导线侧均压环三片绝缘子处时，应停止移动，利用电位转移棒进行电位转移。 （4）等电位电工进入电位后，打好安全带并将绝缘传递绳安放在合适部位作起吊准备	（1）等电位电工进入电位前必须得到工作负责人的许可。 （2）进入电位后安全带应系在不被更换绝缘子串侧并且位置合理，便于作业。 （3）等电位电工进入绝缘子串前必须系好保护绳，并调整好绝缘传递绳。 （4）等电位电工在进入电位过程中与接地体和带电体两部分间隙所组成的组合间隙不得小于中相 6.9m（边相 6.7m）	
	5	安装工具并转移导线张力	（1）地面电工将闭式卡（前卡）、端部卡、液压丝杆等分别传递给等电位电工，等电位电工正确地安装好全部工具。 （2）工具安装完毕检查无问题后，等电位电工收紧机械丝杆将绝缘子上的张力转移到闭式卡（前卡）、液压丝杆、导线端部卡上	（1）上、下作业电工要密切配合，听从工作负责人的指挥。 （2）等电位电工要保持与接地体的最小安全距离不小于 6.8m，绝缘工具的有效绝缘长度大于 6.8m。 （3）杆塔上下传递工具绑扎绳扣应正确可靠，等电位电工注意不得高空落物。 （4）两液压丝杆受力应均匀。 （5）扣除劣质绝缘子、人体操作和工具短接的绝缘子，其良好绝缘子不得少于 37 片	

项目四

√	序号	作业内容	作业步骤及标准	安全措施及注意事项	责任人签字
	6	更换绝缘子	（1）检查承力工具受力正常后，向工作负责人汇报，得到工作负责人同意后，等电位电工取出需更换绝缘子的上、下锁紧销，继续收紧液压紧线系统，直至取出旧绝缘子。 （2）等电位电工用绝缘传递绳系好旧绝缘子。同时地面电工也用绝缘传递绳的另一侧系好新绝缘子。采用旧下、新上的方法将新绝缘子传给等电位电工。 （3）等电位电工换上新绝缘子，并复位上、下锁紧销	（1）绝缘子更换前，必须详细检查闭式卡、液压丝杆等部件的受力是否正常，检查确认无误报经工作负责人同意后方可更换绝缘子。 （2）新绝缘子应使用 2500V 及以上绝缘电阻表进行测量，其绝缘电阻不小于 500MΩ。并进行外观检查，如有锈蚀、破损、裂纹等不得使用。 （3）操作时应均匀用力，注意不要冲击液压丝杆和闭式卡。 （4）新、旧绝缘子上、下传递时不得碰撞。 （5）卡具受力转移导线荷载前应试冲击判定其可靠性	
	7	拆除工具	（1）检查绝缘子连接情况，无误后，向工作负责人汇报，得到工作负责人同意后，等电位电工松出液压紧线系统。 （2）等电位电工再次检查新绝缘子受力情况无误后，拆除更换所有工具并传递至地面	（1）新绝缘子更换完毕后，必须确认安装可靠，连接无误，锁紧销全部复位 （2）工具在传递过程中不得碰撞，绑扎绳扣应正确可靠	
	8	退出电位	（1）等电位电工检查作业部位无遗留物后，带好绝缘传递绳，作退出电位准备。 （2）等电位电工利用电位转移棒钩紧均压环，并进入距均压环的第3片绝缘子，一只手抓紧绝缘子，另一只手握电位转移棒，利用电位转移棒快速脱离电位。 （3）等电位电工按照"跨二短三"的方法退出等电位	（1）等电位电工退出电位前必须得到工作负责人的许可。 （2）等电位电工在退出电位过程中与接地体和带电体两部分间隙所组成的组合间隙不得小于中相 6.9m（边相 6.7m）。 （3）沿绝缘子串移动时，手要抓牢，脚要踏实	
	9	返回地面	塔上电工检查塔上无遗留物后，向工作负责人汇报，得到工作负责人同意后携带绝缘传递绳下塔	下塔过程中应使用塔上安装的防坠装置；杆塔上移动及转位时，不准失去安全保护，作业人员必须攀抓牢固构件	

（三）竣工

√	序号	内　　　容	负责人员签字
	1	清理现场及工具，认真检查杆（塔）上有无遗留物，工作负责人全面检查工作完成情况，清点人数，无误后，宣布工作结束，撤离施工现场	
	2	通知调度工作完毕，履行工作票完工手续	

（四）消缺记录

√	序号	缺　陷　内　容	消除人员签字

五、验收总结

序号	检　修　总　结	
1	验收评价	
2	存在问题及处理意见	

六、指导书执行情况评估

评估内容	符合性	优		可操作项	
		良		不可操作项	
	可操作性	优		修改项	
		良		遗漏项	
存在问题					
改进意见					

七、设备/工具图

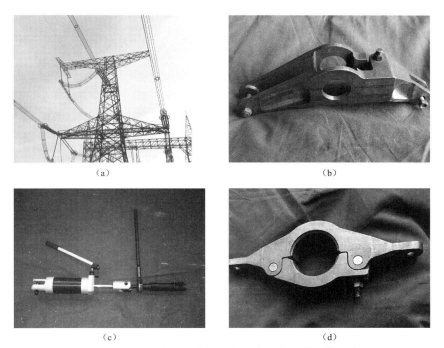

（a）　　　　　　　　　　　　　　　　（b）

（c）　　　　　　　　　　　　　　　　（d）

图 4-1　1000kV 交流输电线路耐张塔绝缘子串及带电作业专用工具

（a）耐张塔绝缘子串；（b）导线侧端部卡；（c）液压丝杆＋预收丝杆；（d）闭式卡前卡

八、作业项目关键步骤及图片

关键步骤	图 片
检测绝缘工具绝缘电阻	
屏蔽服连接检查	
气象条件检查	

项目四

关键步骤	图　片
安全带、防坠器、保护绳冲击检查	
工具组装	
准备进入绝缘子串	

续表

关键步骤	图　片
导线侧进行电位转移	
安装工具	
转移导线荷载	

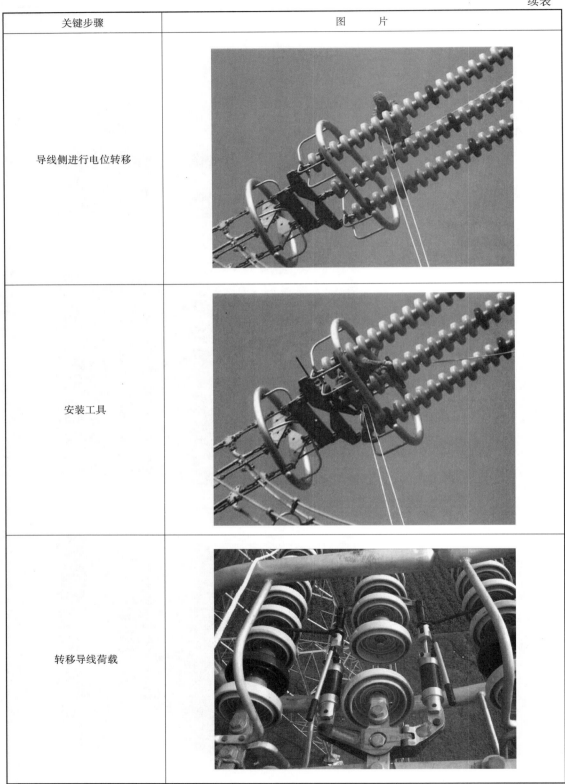

项目四

关键步骤	图　　片
更换绝缘子	

项目五

带电更换 1000kV 交流输电线路耐张绝缘子串任意单片绝缘子作业指导书

编号：Q/×××

带电更换 1000kV××线×××号×相耐张绝缘子串任意单片绝缘子作业指导书

编写：_____　　　___年___月___日

审核：_____　　　___年___月___日

批准：_____　　　___年___月___日

作业负责人：_____

作业日期：　　年　月　日　　时至　　年　月　日　　时

一、适用范围

本作业指导书适用于带电更换 1000kV 交流输电线路耐张绝缘子串任意单片绝缘子作业。本作业指导书示范案例为带电更换国家电网公司特高压试验基地 1000kV 交流单回试验线路 001 号塔右相耐张绝缘子串任意单片绝缘子。

二、引用文件

GB/T 2900.55—2002　电工术语　带电作业

GB/T 6568—2008　带电作业用屏蔽服装

GB/T 13034—2008　带电作业用绝缘滑车

GB/T 13035—2008　带电作业用绝缘绳索

GB/T 14286—2008　带电作业工具设备术语

GB/T 18037—2000　带电作业工具基本技术要求与设计导则

GB/T 19185—2008　交流线路带电作业安全距离计算方法

GB/T 25726—2010　1000kV 交流带电作业用屏蔽服装

GB 50665—2011　1000kV 架空输电线路设计规范

DL/T 209—2008　1000kV 交流输电线路检修规范

DL/T 307—2010　1000kV 交流输电线路运行规程

DL/T 876—2004　带电作业绝缘配合导则

DL/T 877—2004　带电作业用工具、装置和设备使用的一般要求

DL/T 878—2004　带电作业用绝缘工具试验导则

DL/T 966—2005　送电线路带电作业技术导则

DL/T 976—2005　带电作业用工具、装置和设备预防性试验规程

Q/GDW 304—2009　1000kV 直流输电线路带电作业技术导则

Q/GDW 1799.2—2013　国家电网公司电力安全工作规程（线路部分）

三、作业前准备

（一）前期工作安排

√	序号	内容	标准	责任人	备注
	1	现场勘察	勘察杆塔周围环境、缺陷部位和严重程度、导线规格、绝缘子规格、地形状况等，判断能否采用带电作业		
	2	查阅有关资料	查阅有关资料，确定使用的工具和材料型号，提出采用作业的方法，并编制作业指导书		
	3	办理工作票	工作负责人根据工作性质办理工作票，并申请停用自动重合闸		
	4	组织现场作业电工学习作业指导书	掌握整个操作程序，熟悉自己所担当的工作任务和操作中的危险点及控制措施		

项目五

（二）人员要求

√	序号	内　　容	责任人	备注
	1	熟悉 Q/GDW 1799.2—2013《国家电网公司电力安全工作规程　线路部分》，并经考试合格		
	2	作业人员通过职业技能鉴定，并取得带电作业的资质证书		
	3	作业人员身体健康、精神状态应良好，并无妨碍作业的生理和心理障碍		
	4	所派工作负责人和工作班电工是否适当和充足，作业电工的技术水平能否适应所承担的工作任务		
	5	穿戴合格劳动保护服装，作业人员个人安全用具齐全		
	6	掌握紧急救护法、触电解救法		

（三）工器具

√	序号	名称	型号	单位	数量	备注
	1	液压丝杆		根	2	
	2	闭式卡		套	1	
	3	拔销器		把	1	
	4	绝缘传递绳	TJS-14	根	1	
	5	绝缘保护绳	TJS-16	根	4	
	6	操作杆	1000kV	套	1	
	7	绝缘滑车	JH05-1	个	1	
	8	绝缘电阻表	5000V	块	1	
	9	风速风向仪		块	1	
	10	温湿度表		块	1	
	11	万用表		块	1	
	12	绝缘子检测仪		块	1	
	13	防潮帆布	2m×4m	块	2	
	14	专用接头		个	2	
	15	屏蔽服	屏蔽效率≥60dB（屏蔽面罩屏蔽效率≥20dB）	套	4	
	16	防坠器	与杆塔防坠落装置型号对应	只	2	

注：绝缘工器具机械及电气强度均应满足《安规》要求，周期预防性及检查性试验合格。

（四）材料

√	序号	名称	型号	单位	数量	备注
	1	绝缘子		片		

（五）危险点分析

√	序号	内　容
	1	登塔和塔上作业时违反《安规》进行操作，等电位作业人员在作业过程中不系保护绳，可能引起的高空坠落
	2	地面电工在作业过程中不加垫防潮帆布，不带防汗手套，引起的工具受潮和污染
	3	等电位电工与接地体安全距离不够可能引起的触电伤害
	4	绝缘子在更换前未详细检查闭式卡、液压丝杆等，可能导致受力部件不能正常良好工作，使绝缘子在退出后，闭式卡、液压丝杆等不能承载导线荷重，引起的导线脱落
	5	等电位电工所穿屏蔽服接触不良，可能引起触电伤害
	6	等电位电工在沿绝缘子串进入电位过程中，其组合间隙不满足安规要求，可能引起的触电伤害
	7	绝缘工具的有效绝缘长度不够可能引起的导线对地放电
	8	高空作业人员在作业过程中可能造成的坠物伤人
	9	不办理工作票，不核对杆塔设备编号可能造成的误登塔触电伤害事故
	10	不进行安全措施、技术措施和工作任务交底可能造成的误操作事故

（六）安全措施

√	序号	内　容
	1	带电作业必须在天气良好的情况下进行，如遇雷电（听见雷声、看见闪电）、雪、雹、雨、雾等，禁止进行带电作业，风力大于 5 级，或湿度大于 80％时，不宜进行带电作业
	2	严格执行工作票制度，作业前，工作负责人向调控人员报开工，并申请停用自动重合闸，且得到调控人员的许可后方可开始作业
	3	全体作业电工必须戴安全帽，高空作业电工登塔前应核对线路双重名称，检查杆根，并对安全防护用品和防坠器进行试冲击检查，同时还应进行外观检查
	4	高空作业电工必须使用全防护安全带，安全带应系在牢固部件上且位置合理，便于作业，登塔和杆塔上移动及转位时，作业电工必须攀抓牢固构件，且始终不得失去安全保护
	5	带电作业过程中如设备突然停电，工作负责人应立即与调控人员联系，未经联系之前应视设备仍然带电，所有电工不得进行其他操作
	6	等电位电工应穿合格全套屏蔽服，戴屏蔽手套和屏蔽面罩，且各部连接可靠
	7	对于盘形瓷质绝缘子，作业前，应准确复测劣质绝缘子的位置和片数，采用自由作业法进入电位时，扣除零（劣）值绝缘子、人体和工具短接绝缘子后，良好绝缘子片数不得少于 37 片
	8	带电作业工具使用前，仔细检查、确认没有损坏、受潮、变形、失灵。否则禁止使用，绝缘工具应使用 2500V 及以上绝缘电阻表或绝缘检测仪进行分段绝缘检测（电极宽 2cm，极间宽 2cm），阻值应不低于 700MΩ
	9	地面电工操作绝缘工具时应戴清洁、干燥的手套，进入作业现场应将使用的带电作业工具应放置在防潮的帆布或绝缘垫上，防止绝缘工具在使用中脏污和受潮
	10	利用卡具更换绝缘子时，卡具安装应可靠，卡具受力转移导线荷载前应试冲击判定其可靠性，经检查确认无问题后方可更换绝缘子
	11	地面电工严禁在作业点垂直下方活动。塔上电工应防止高空落物，使用的工具、材料应用绳索传递
	12	带电作业过程中，工作负责人（监护人）应认真监护，且监护的范围不得超过一个作业点
	13	等电位电工在作业过程中与接地体和带电体两部分间隙所组成的组合间隙不得小于中相 6.9m（边相 6.7m）。绝缘工具有效长度不得小于 6.8m

√	序号	内　　　容
	14	等电位电工进、出电位和转移作业位置，均应向工作负责人汇报，得到工作负责人许可后方可进行
	15	在城镇、村庄附近居民活动频繁的地方，作业点附近应增设围栏，禁止非工作人员入内

（七）作业分工

√	序号	作业内容	分组负责人	作业人员
	1	工作负责人1名，全面负责作业现场的各项工作		
	2	专责监护人1名，负责作业现场的安全把控		
	3	地面电工2名，负责传递器具和绝缘子		
	4	等电位电工1名，负责工器具安装及绝缘子更换工作		

四、作业程序

（一）开工

√	序号	内　　　容	作业人员签字
	1	向调度申请开工，履行许可手续	
	2	正确合理的布置施工现场，并检测绝缘工具	
	3	工作负责人组织全体工作班成员现场列队宣读工作票，交代工作任务、安全措施、注意事项，并告知危险点，工作班成员明确后，进行签字	
	4	工作负责人发布开始工作的命令	

（二）作业内容及标准

√	序号	作业内容	作业步骤及标准	安全措施及注意事项	责任人签字
	1	检查工具	（1）等电位电工正确地穿戴好屏蔽服并检测合格，由负责人监督检查。 （2）正确佩戴个人安全用具（大小合适，锁扣灵活），由负责人监督检查。 （3）测量风速风向、湿度，检查绝缘工具的绝缘性能，并做好记录。 （4）对安全带、保护绳、轨迹绳、防坠器进行试冲击检查。 （5）检查并组装工器具。 （6）检测并清扫新绝缘子	（1）金属、绝缘工具使用前，应仔细检查其是否损坏、变形、失灵。 （2）绝缘工具使用前应使用2500V及以上绝缘电阻表进行分段绝缘检测，电阻值应不低于700MΩ，硬质绝缘工具应用清洁干燥的毛巾将其擦拭干净。 （3）用万用表测量屏蔽服衣裤最远端点之间的电阻值不得大于20Ω。工作负责人认真检查作业电工屏蔽服的连接情况。 （4）作业现场应加垫防潮帆布，接触绝缘工具应戴防汗手套。 （5）新绝缘子应进行外观检查，并使用绝缘电阻表在干燥、清洁的条件下检测，其阻值低于500MΩ的不得使用	

√	序号	作业内容	作业步骤及标准	安全措施及注意事项	责任人签字
	2	登塔	（1）核对线路双重名称，检查杆根及基础。 （2）等电位电工携带绝缘传递绳登塔至横担耐张绝缘子串挂点处，打好安全带，并系好保护绳。 （3）等电位电工将绝缘滑车和绝缘传递绳安装在横担合适位置。配合地面电工作起吊准备	（1）核对线路双重名称无误后，杆根基础牢固可靠后方可登塔作业。 （2）登塔过程中应使用防坠器；杆塔上移动及转位时，不准失去安全保护，作业人员必须攀抓牢固构件。 （3）作业电工必须穿全套合格的屏蔽服，且全套屏蔽服必须连接可靠	
	3	检测绝缘子	（1）地面电工将绝缘操作杆及绝缘子检测仪传至塔上。等电位电工对绝缘子进行检测。 （2）检测工作由地电位向高电位侧进，并做好记录	（1）检测绝缘子工作必须逐片进行，接触必须可靠。 （2）当良好绝缘子少于 37 片，立即停止作业	
	4	进入强电场	（1）等电位电工将安全带转移到绝缘子连接金具上，并带好绝缘滑车和绝缘传递绳。 （2）等电位电工检查屏蔽服各部分连接良好后报经工作负责人同意，双手抓扶一串，双脚踩另一串，采用"跨二短三"方法沿绝缘子串进入作业点	（1）等电位电工进入电位前必须得到工作负责人的许可。 （2）等电位电工进入等电位过程中，手要抓牢，脚应踏实，短接绝缘子不得超过不 3 片。 （3）等电位电工在进入电位过程中与接地体和带电体两部分间隙所组成的组合间隙不得小于中相 6.9m（边相 6.7m）	
	5	安装工具并转移导线张力	（1）等电位电工进入作业点后，将绝缘传递绳安装在合适部位作起吊准备。 （2）地面电工分别将液压丝杆、闭式卡等传递至等电位电工作业位置。由等电位电工在被更换的绝缘前后安装。 （3）检查承力工具各部分安装情况，无误后，向工作负责人汇报，靠得到工作负责人同意后，地电位电工先预收紧丝杆，待丝杆适当受力后，再收紧液压紧线系统，使需更换的绝缘子松弛	（1）上、下作业电工要密切配合，听从工作负责人的指挥。 （2）等电位电工要保持与接地体的最小安全距离不小于 6.8m，绝缘工具的有效绝缘长度大于 6.8m。 （3）杆塔上下传递工具绑扎绳扣应正确可靠，地电位电工和等电位电工不得高空落物。 （4）两丝杆受力应均匀。 （5）扣除劣质绝缘子、人体操作和工具短接的绝缘子，其良好绝缘子片数不得少于 37 片	
	6	更换绝缘子	（1）检查承力工具受力正常后，向工作负责人汇报，得到工作负责人同意后，等电位电工取出需更换绝缘子的上、下锁紧销，继续收紧液压紧线系统，直至取出旧绝缘子。 （2）等电位电工用绝缘传递绳系好旧绝缘子。同时地面电工也用绝缘传递绳的另一侧系好新绝缘子。采用旧下、新上的方法将新绝缘子传给等电位电工。 （3）等电位电工换上新绝缘子，并复位上、下锁紧销	（1）绝缘子更换前，必须详细检查闭式卡、液压丝杆等部件的受力是否正常，检查确认无误报经工作负责人同意后方可更换绝缘子。 （2）新绝缘子应使用 2500V 及以上绝缘电阻表进行测量，其绝缘电阻不小于 500MΩ。并进行外观检查，如有锈蚀、破损、裂纹等不得使用。 （3）操作时应均匀用力，注意不要冲击液压丝杆和闭式卡。 （4）新、旧绝缘子上、下传递时不得碰撞。 （5）卡具受力转移导线荷载前应试冲击判定其可靠性	

项目五

续表

√	序号	作业内容	作业步骤及标准	安全措施及注意事项	责任人签字
	7	拆除工具	（1）检查绝缘子连接情况，无误后，向工作负责人汇报，得到工作负责人同意后，等电位电工松出液压紧线系统。 （2）等电位电工再次检查新绝缘子受力情况无误后，拆除更换所有工具并传递至地面	（1）新绝缘子更换完毕后，必须确认安装可靠，连接无误，锁紧销全部复位。 （2）工具在传递过程中不得碰撞，绑扎绳扣应正确可靠	
	8	退出电位	（1）等电位电工检查作业位置无遗留物后，带好绝缘传递绳，作退出电位准备。 （2）等电位电工按照"跨二短三"的方法退出等电位	（1）等电位电工退出电位前必须得到工作负责人的许可。 （2）等电位电工在退出电位过程中与接地体和带电体两部分间隙所组成的组合间隙不得小于中相6.9m（边相6.7m）。 （3）沿绝缘子串移动时，手要抓牢，脚要踏实	
	9	返回地面	塔上电工检查塔上无遗留物后，向工作负责人汇报，得到工作负责人同意后携带绝缘传递绳下塔	下塔过程中应使用防坠器；杆塔上移动及转位时，必须攀抓牢固构件，且始终不得失去安全保护	

（三）竣工

√	序号	内　　　容	负责人员签字
	1	清理现场及工具，认真检查杆（塔）上有无遗留物，工作负责人全面检查工作完成情况，清点人数，无误后，宣布工作结束，撤离施工现场	
	2	通知调度工作完毕，履行工作票完工手续	

（四）消缺记录

√	序号	缺　陷　内　容	消除人员签字

五、验收总结

序号	检　修　总　结	
1	验收评价	
2	存在问题及处理意见	

六、指导书执行情况评估

评估内容	符合性	优		可操作项	
		良		不可操作项	
	可操作性	优		修改项	
		良		遗漏项	
存在问题					
改进意见					

七、设备/工具图

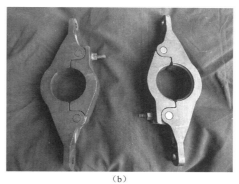

（a）　　　　　　　　　　　　　　　（b）

图 5-1　1000kV 交流输电线路耐张绝缘子串及带电作业专用工具

（a）耐张绝缘子串；（b）闭式卡具

八、作业项目关键步骤及图片

关键步骤	图　片
检测绝缘工具绝缘电阻	
屏蔽服连接检查	

关键步骤	图 片
气象条件检查	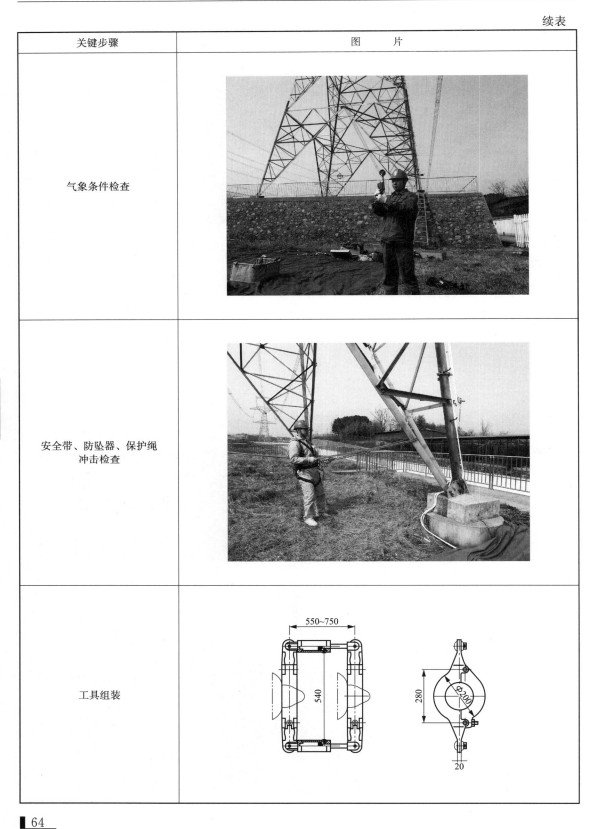
安全带、防坠器、保护绳 冲击检查	
工具组装	

项目五

关键步骤	图　片
进入绝缘子串	
安装工具	

关键步骤	图　片
转移导线荷载	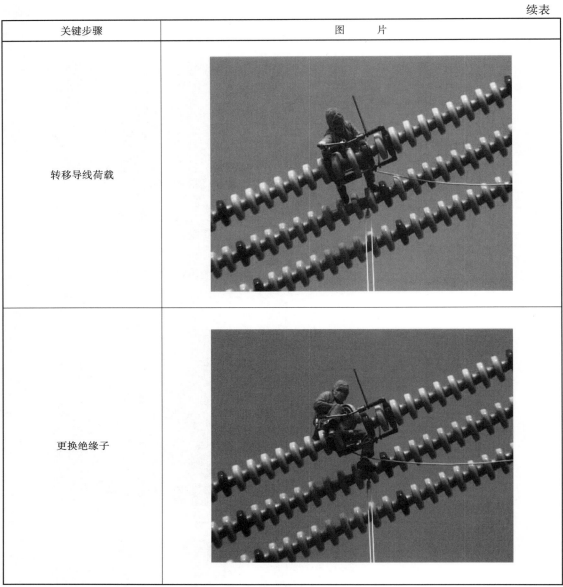
更换绝缘子	

项目五

项目六

带电补修 1000kV 交流输电线路
导线作业指导书

编号：**Q/ ×××**

带电补修 1000kV ××线×××号×相×号
导线作业指导书

编写：_____　___年___月___日

审核：_____　___年___月___日

批准：_____　___年___月___日

作业负责人：_____

作业日期：　　年　月　日　　时至　　年　月　日　时

一、适用范围

本作业指导书适用于带电补修 1000kV 交流输电线路导线作业。本作业指导书示范案例为带电补修国家电网公司特高压试验基地 1000kV 交流单回试验线路 001 号耐张塔右相大号 4 号子导线。

二、引用文件

GB/T 2900.55—2002　电工术语　带电作业

GB/T 6568—2008　带电作业用屏蔽服装

GB/T 13034—2008　带电作业用绝缘滑车

GB/T 13035—2008　带电作业用绝缘绳索

GB/T 14286—2008　带电作业工具设备术语

GB/T 18037—2000　带电作业工具基本技术要求与设计导则

GB/T 19185—2008　交流线路带电作业安全距离计算方法

GB/T 25726—2010　1000kV 交流带电作业用屏蔽服装

GB 50665—2011　1000kV 架空输电线路设计规范

DL/T 209—2008　1000kV 交流输电线路检修规范

DL/T 307—2010　1000kV 交流输电线路运行规程

DL/T 392—2010　1000kV 交流输电线路带电作业技术导则

DL/T 876—2004　带电作业绝缘配合导则

DL/T 877—2004　带电作业用工具、装置和设备使用的一般要求

DL/T 878—2004　带电作业用绝缘工具试验导则

DL/T 966—2005　送电线路带电作业技术导则

DL/T 976—2005　带电作业工具、装置和设备预防性试验规程

Q/GDW 304—2009　1000kV 直流输电线路带电作业技术导则

Q/GDW 1799.2—2013　国家电网公司电力安全工作规程（线路部分）

三、作业前准备

（一）前期工作安排

√	序号	内容	标准	责任人	备注
	1	现场勘察	勘察杆塔周围环境、缺陷部位和严重程度、导线规格、绝缘子规格、地形状况等，判断能否采用带电作业		
	2	查阅有关资料	查阅有关资料，确定使用的工具和材料型号，提出采用作业的方法，并编制作业指导书		
	3	办理工作票	工作负责人根据工作性质办理工作票		
	4	组织现场作业电工学习作业指导书	掌握整个操作程序，熟悉自己所担当的工作任务和操作中的危险点及控制措施		

（二）人员要求

√	序号	内　　容	责任人	备注
	1	熟悉 Q/GDW 1799.2—2013《国家电网公司电力安全工作规程（线路部分）》，并经考试合格		
	2	作业人员通过职业技能鉴定，并取得带电作业的资质证书		
	3	作业人员身体健康、精神状态应良好，并无妨碍作业的生理和心理障碍		
	4	所派工作负责人和工作班电工是否适当和充足，作业电工的技术水平能否适应所承担的工作任务		
	5	穿戴合格劳动保护服装，作业人员个人安全用具齐全		
	6	掌握紧急救护法、触电解救法		

（三）工器具

√	序号	名称	型号	单位	数量	备注
	1	绝缘传递绳	TJS-12	根	2	
	2	绝缘保护绳	TJS-16	根	2	
	3	绝缘子检测仪		套	1	
	4	绝缘滑车	JH10-1	个	2	
	5	间隔棒专用扳手		把	1	
	6	电位转移棒		根	1	
	7	绝缘电阻表	5000V	块	1	
	8	风速风向仪		块	1	
	9	温湿度表		块	1	
	10	万用表		块	1	
	11	防潮帆布	2m×4m	块	2	
	12	绝缘千斤		根	4	
	13	屏蔽服	屏蔽效率≥60dB（屏蔽面罩屏蔽效率≥20dB）	套	3	
	14	防坠器	与杆塔防坠落装置型号对应	只	3	

注：绝缘工器具机械及电气强度均应满足《安规》要求，周期预防性及检查性试验合格。

（四）材料

√	序号	名称	型号	单位	数量	备注
	1	预绞式护线条		个	1	
	2	导电膏		盒	1	
	3	砂纸		张	1	
	4	清洁毛巾		条	1	

（五）危险点分析

√	序号	内　　容
	1	登塔和塔上作业时违反《安规》进行操作，等电位电工在作业过程中不系保护绳，可能引起的高空坠落
	2	地面电工在作业过程中不加垫防潮帆布，不带防汗手套，可能引起的工具受潮和污染
	3	地电位电工与带电体及等电位电工与接地体安全距离不够可能引起的触电伤害
	4	地电位电工和等电位电工所穿屏蔽服接触不良可能引起的触电伤害
	5	电位转移过程中，等电位电工不利用电位转移棒进行电位转移，可能造成的触电伤害
	6	等电位电工在沿绝缘子串进入电位过程中，其组合间隙不满足《安规》要求，可能造成的触电伤害
	7	高空作业人员在作业过程中可能造成的坠物伤人
	8	绝缘工具的有效绝缘长度不够可能造成的导线对地放电
	9	不办理工作票，不核对杆塔设备编号导致作业人员误登杆，可能造成的触电伤害事故
	10	不进行安全措施、技术措施和工作任务交底可能造成的误操作事故

（六）安全措施

√	序号	内　　容
	1	带电作业必须在天气良好的情况下进行，如遇雷电（听见雷声、看见闪电）、雪、雹、雨、雾等，禁止进行带电作业，风力大于 5 级，或湿度大于 80%时，不宜进行带电作业
	2	在带电杆、塔上工作，必须使用安全带和戴安全帽。在杆塔上作业转位时，不得失去安全保护。登塔时手应抓牢。脚应踏实，安全带系在牢固部件上并且位置合理，便于作业
	3	严格执行工作票制度，作业前必须向调控人员申请开工，得到调控人员许可后方可开始作业。在带电作业过程中如设备突然停电，作业电工应视设备仍然带电
	4	登塔前作业人员应认真核对线路双重名称，并对安全防护用品和防坠器进行试冲击检查，对安全带进行外观和试冲击检查
	5	登塔过程中应使用塔上安装的防坠装置；杆塔上移动及转位时，作业人员必须攀抓牢固构件，安全带应系在牢固的部件上并且位置合理，便于作业
	6	地电位电工与带电体、等电位电工与接地体的安全距离不得小于 6.8（中相）/6.0（边相）m，绝缘工具有效长度不得小于 6.8m
	7	带电作业工具使用前，仔细检查确认没有损坏、受潮、变形、失灵。否则禁止使用，绝缘工具应使用 2500V 及以上绝缘电阻表进行分段绝缘检测（电极宽 2cm，极间宽 2cm），阻值应不低于 700MΩ 地面电工操作绝缘工具时应戴清洁、干燥的手套，进入作业现场应将使用的带电作业工具应放置在防潮的帆布或绝缘垫上，防止绝缘工具在使用中脏污和受潮
	8	对于盘形瓷质绝缘子，作业前，应准确复测劣质绝缘子的位置和片数，采用自由作业法进入电位时，扣除零（劣）值绝缘子、人体和工具短接绝缘子后，良好绝缘子最少片数不少于 37 片
	9	采用自由作业法进入电位，当作业人员平行移动至距导线侧均压环三片绝缘子处，应停止移动，利用电位转移棒进行电位转移
	10	等电位电工应穿合格全套屏蔽服，各部连接可靠，转移电位时必须使用电位转移棒
	11	等电位电工在进出电位过程中，其与接地体和带电体之间的组合间隙不小于 6.9（中相）/6.7（边相）m
	12	等电位电工在走线时，必须系好安全带，并有可靠的保护绳作后备保护（需将子导线全部兜住）；走线过程中，等电位电工应控制重心，防止导线翻转

项目六

续表

√	序号	内　容
	13	地面电工严禁在作业点垂直下方活动。作业时应防止高空落物，使用的工具、材料应用绳索传递
	14	根据导线损伤的程度和长度选择合适的护线条，补修前应对导线进行打磨使其表面光亮、洁净，并均匀涂抹导电膏。处理的长度应不低于安装预绞式护线条的长度。预绞式护线条应与导线紧密接触，其中心应位于损伤最严重处。预绞式护线条应全部覆盖损伤部位，且护线条端部距损伤部位边缘的单边长度不得小于100mm
	15	现场所有工器具均应试验合格，不合格的和超出试验周期的工具严禁使用

（七）作业分工

√	序号	作业内容	分组负责人	作业人员
	1	工作负责人1名，全面负责作业现场的各项工作		
	2	专责监护人1名，负责作业现场的安全把控		
	3	等电位电工1名，负责进入等电位补修导线工作		
	4	地电位电工2名，负责传递工具、材料配合等电位电工进出等电位		

四、作业程序

（一）开工

√	序号	内　容	作业人员签字
	1	向调度申请开工，履行许可手续	
	2	正确合理的布置施工现场，并检测绝缘工具	
	3	工具检测合格后，工作负责人组织全体工作人员在现场列队宣读工作票，交代工作任务、安全措施、注意事项，工作班成员明确后，进行签字	
	4	工作负责人发布开始工作的命令	

（二）作业内容及标准

√	序号	作业内容	作业步骤及标准	安全措施及注意事项	责任人签字
	1	检查工具	（1）塔上作业电工正确地穿戴好屏蔽服并检测合格，由负责人监督检查。 （2）正确佩戴个人安全用具（大小合适，锁扣自如），由负责人监督检查。 （3）测量风速风向、湿度，检查绝缘工具的绝缘性能，并做好记录。 （4）组装吊篮	（1）金属、绝缘工具使用前，应仔细检查其是否损坏、变形、失灵。绝缘工具应使用2500V及以上绝缘电阻表进行分段绝缘检测，阻值应不低于700MΩ，并用清洁干燥的毛巾将其擦拭干净。 （2）用万用表测量屏蔽服衣裤最远端点之间的电阻值不得大于20Ω。工作负责人认真检查作业电工屏蔽服的连接情况。 （3）检查工具组装情况并确认连接可靠。 （4）现场所使用的带电作业工具应放置在防潮帆布上	

项目六

✓	序号	作业内容	作业步骤及标准	安全措施及注意事项	责任人签字
	2	登塔	（1）核对线路双重名称无误后，塔上电工冲击检查安全带、防坠器受力情况。 （2）塔上电工携带绝缘传递绳登塔至横担作业点，选择合适位置系好安全带，将绝缘滑车和绝缘传递绳安装在横担合适位置。然后配合地面电工将绝缘传递绳分开作起吊准备	（1）核对线路双重名称无误后，方可登塔作业。 （2）登塔过程中应使用塔上安装的防坠装置；杆塔上移动及转位时，不准失去安全保护，作业人员必须攀抓牢固构件。 （3）作业电工必须穿全套合格的屏蔽服，且全套屏蔽必须连接可靠。在杆塔上进出等电位前，等电位电工要检查确认屏蔽服装各部位连接可靠后方能进行下一步操作	
	3	检测绝缘子	（1）地面电工将绝缘操作杆及绝缘子检测仪传至塔上。等电位电工对绝缘子进行检测。 （2）检测工作由地电位侧向高电位侧进行，并做好记录	（1）检测绝缘子工作必须逐片进行，接触必须可靠。 （2）当良好绝缘子少于 37 片时，立即停止作业	
	4	进入强电场	（1）等电位电工将安全带转移到绝缘子连接金具上，并戴好绝缘滑车和绝缘传递绳。 （2）等电位电工检查屏蔽服各部分连接良好后报经工作负责人同意，双手抓扶一串，双脚踩另一串，采用"跨二短三"方法沿绝缘子串进入等电位。 （3）当作业人员平行移动至距导线侧均压环三片绝缘子处时，应停止移动，利用电位转移棒进行电位转移	（1）等电位电工进入电位前必须得到工作负责人的许可。 （2）进入电位后安全带应系在不被更换绝缘子串侧并且位置合理，便于作业。 （3）等电位电工进入绝缘子串前必须系好保护绳，并调整好绝缘传递绳。 （4）等电位电工在进入电位过程中与接地体和带电体两部分间隙所组成的组合间隙不得小于中相 6.9m（边相 6.7m）	
	5	损伤导线表面处理	（1）等电位电工进入等电位后，将安全带系在上子导线上，并装好走线绝缘保护绳（需将子导线全部兜住）。 （2）等电位电工携带绝缘传递绳走线至作业点，将绝缘滑车和绝缘传递绳安装在子导线上。 （3）等电位电工检查导线损伤情况，并对损伤点进行处理，用 0 号砂纸将损伤部位毛刺清打磨平整。 （4）等电位电工用抹布将打磨后的导线表面处理干净，并将导电膏均匀涂抹在导线受伤处	（1）等电位电工对导线损伤点进行打磨处理时，用力不得过大，不得使损伤程度扩大。 （2）导线打磨后，要将表面充分清洁干净。 （3）导电膏均匀涂抹在导线表面	
	6	导线修补	（1）地面电工利用传递绳将预绞丝传给等电位电工。 （2）等电位电工利用预绞丝对导线损伤部位进行补强	（1）预绞式护线条的规格型号应与导线匹配。 （2）预绞式护线条的中心应位于损伤最严重处。 （3）预绞式护线条的长度应将损伤部位全部覆盖，且护线条端距损伤部位边缘的单边长度不得小于 100mm。 （4）预绞式护线条绑扎紧密接触，不得抛股、漏股、散股	

续表

√	序号	作业内容	作业步骤及标准	安全措施及注意事项	责任人签字
	7	退出电位	（1）经检查间隔棒安装牢固、作业点无遗留物后经工作负责人许可，等电位电工带好绝缘传递绳，作退出电位准备。 （2）等电位电工利用电位转移棒钩紧均压环，并进入距均压环的第3片绝缘子，一只手抓紧绝缘子，另一只手握电位转移棒，利用电位转移棒快速脱离电位。 （3）等电位电工按照"跨二短三"的方法退出等电位	（1）等电位电工退出电位前必须得到工作负责人的许可。 （2）等电位电工在退出电位过程中与接地体和带电体两部分间隙所组成的组合间隙不得小于中相6.9m（边相6.7m）。 （3）沿绝缘子串移动时，手要抓牢，脚要踏实	
	8	返回地面	塔上电工检查塔上无遗留物后，向工作负责人汇报，得到工作负责人同意后携带绝缘传递绳下塔	下塔过程中应使用塔上安装的防坠装置；杆塔上移动及转位时，不准失去安全保护，作业人员必须攀抓牢固构件	

（三）竣工

√	序号	内 容	负责人员签字
	1	清理现场及工具，认真检查杆（塔）上有无遗留物，工作负责人全面检查工作完成情况，清点人数，无误后，宣布工作结束，撤离施工现场	
	2	通知调度工作完毕，履行工作票完工手续	

（四）消缺记录

√	序号	缺 陷 内 容	消除人员签字

五、验收总结

序号	检 修 总 结	
1	验收评价	
2	存在问题及处理意见	

六、指导书执行情况评估

评估内容	符合性	优		可操作项	
		良		不可操作项	
	可操作性	优		修改项	
		良		遗漏项	
存在问题					
改进意见					

七、设备/工具图

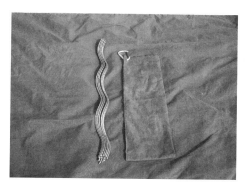

图 6-1　1000kV 交流输电线路带电补修导线专用预绞丝与工具袋

八、作业项目关键步骤及图片

关键步骤	图　　片
检测绝缘工具绝缘电阻	
屏蔽服连接检查	

项目六

75

关键步骤	图　片
气象条件检查	
安全带、防坠器、保护绳冲击检查	

关键步骤	图　　片
进电位	
损伤处导线表面处理	
缠绕预绞式护线条	

项
目
六

项目七

带电更换 1000kV 交流输电线路导线间隔棒作业指导书

编号：Q/ ×××

带电更换 1000kV×× 线 ××× 号塔 × 相 × 号第 × 个导线间隔棒作业指导书

编写：_____   ___年___月___日

审核：_____   ___年___月___日

批准：_____   ___年___月___日

作业负责人：_____

作业日期：   年　月　日　　时至　　年　月　日　时

一、适用范围

本作业指导书适用于带电更换 1000kV 交流输电线路导线间隔棒作业。本作业指导书示范案例为带电更换国家电网公司特高压试验基地 1000kV 交流单回试验线路 001 号耐张塔右相大号第 1 个导线间隔棒。

二、引用文件

GB/T 2900.55—2002　电工术语　带电作业

GB/T 6568—2008　带电作业用屏蔽服装

GB/T 13034—2008　带电作业用绝缘滑车

GB/T 13035—2008　带电作业用绝缘绳索

GB/T 14286—2008　带电作业工具设备术语

GB/T 18037—2000　带电作业工具基本技术要求与设计导则

GB/T 19185—2008　交流线路带电作业安全距离计算方法

GB/T 25726—2010　1000kV 交流带电作业用屏蔽服装

GB 50665—2011　1000kV 架空输电线路设计规范

DL/T 209—2008 1000kV 交流输电线路检修规范

DL/T 307—2010　1000kV 交流输电线路运行规程

DL/T 392—2010　1000kV 交流输电线路带电作业技术导则

DL/T 876—2004　带电作业绝缘配合导则

DL/T 877—2004　带电作业用工具、装置和设备使用的一般要求

DL/T 878—2004　带电作业用绝缘工具试验导则

DL/T 966—2005　送电线路带电作业技术导则

DL/T 976—2005　带电作业工具、装置和设备预防性试验规程

Q/GDW 304—2009　1000kV 直流输电线路带电作业技术导则

Q/GDW 1799.2—2013　国家电网公司电力安全工作规程（线路部分）

三、作业前准备

（一）前期工作安排

√	序号	内容	标准	责任人	备注
	1	现场勘察	勘察杆塔周围环境、缺陷部位和严重程度、导线规格、绝缘子规格、地形状况等，判断能否采用带电作业		
	2	查阅有关资料	查阅有关资料，确定使用的工具和材料型号，提出采用作业的方法，并编制作业指导书		
	3	办理工作票	工作负责人根据工作性质办理工作票		
	4	组织现场作业电工学习作业指导书	掌握整个操作程序，熟悉自己所担当的工作任务和操作中的危险点及控制措施		

（二）人员要求

√	序号	内 容	责任人	备注
	1	熟悉 Q/GDW 1799.2—2013《国家电网公司电力安全工作规程（线路部分）》，并经考试合格		
	2	作业人员通过职业技能鉴定，并取得带电作业的资质证书		
	3	作业人员身体健康、精神状态应良好，并无妨碍作业的生理和心理障碍		
	4	所派工作负责人和工作班电工是否适当和充足，作业电工的技术水平能否适应所承担的工作任务		
	5	穿戴合格劳动保护服装，作业人员个人安全用具齐全		
	6	掌握紧急救护法、触电解救法		

（三）工器具

√	序号	名称	型号	单位	数量	备注
	1	绝缘传递绳	TJS-12	根	2	
	2	绝缘保护绳	TJS-16	根	2	
	3	绝缘子检测仪		根	1	
	4	绝缘滑车	JH10-1	个	2	
	5	电位转移棒		根	1	
	6	间隔棒专用扳手		把	1	
	7	绝缘电阻表	5000V	块	1	
	8	风速风向仪		块	1	
	9	温湿度表		块	1	
	10	万用表		块	1	
	11	防潮帆布	2m×4m	块	2	
	12	绝缘千斤		根	4	
	13	屏蔽服	屏蔽效率≥60dB（屏蔽面罩屏蔽效率≥20dB）	套	3	
	14	防坠器	与杆塔防坠落装置型号对应	只	3	

注：绝缘工器具机械及电气强度均应满足《安规》要求，周期预防性及检查性试验合格。

（四）材料

√	序号	名称	型号	单位	数量	备注
	1	间隔棒		个	1	

（五）危险点分析

√	序号	内 容
	1	登塔和塔上作业时违反《安规》进行操作，等电位电工在作业过程中不系保护绳，可能引起的高空坠落
	2	地面电工在作业过程中不加垫防潮帆布，不带防汗手套，可能引起的工具受潮和污染

√	序号	内　容
	3	地电位电工与带电体及等电位电工与接地体安全距离不够，可能引起的触电伤害
	4	地电位电工和等电位电工所穿屏蔽服接触不良可能引起的触电伤害
	5	电位转移过程中，等电位电工不利用电位转移棒进行电位转移，可能造成的触电伤害
	6	等电位电工在沿绝缘子串进入电位过程中，其组合间隙不满足安规要求，可能造成的触电伤害
	7	高空作业人员在作业过程中可能造成的坠物伤人
	8	绝缘工具的有效绝缘长度不够可能造成的导线对地放电
	9	不办理工作票，不核对杆塔设备编号，可能造成的误登塔触电伤害事故
	10	不进行安全措施、技术措施和工作任务交底可能造成的误操作事故

（六）安全措施

√	序号	内　容
	1	带电作业必须在天气良好的情况下进行，如遇雷电（听见雷声、看见闪电）、雪、雹、雨、雾等，禁止进行带电作业，风力大于 5 级，或湿度大于 80% 时，不宜进行带电作业
	2	在带电杆、塔上工作，必须使用安全带和戴安全帽。在杆塔上作业转位时，不得失去安全保护。登塔时手应抓牢，脚应踏实，安全带系在牢固部件上并且位置合理，便于作业
	3	严格执行工作票制度，向调度申请停用自动重合闸。在带电作业过程中如设备突然停电，作业电工应视设备仍然带电
	4	登塔前作业人员应核对线路双重名称，并对安全防护用品和防坠器进行试冲击检查，对安全带进行外观检查
	5	登塔过程中应使用塔上安装的防坠装置；杆塔上移动及转位时，作业人员必须攀抓牢固构件，安全带系在牢固部件上并且位置合理，便于作业
	6	地电位电工与带电体、等电位电工与接地体的安全距离不得小于 6.8（中相）/6.0（边相）m，绝缘工具有效长度不得小于 6.8m
	7	工具使用前，应仔细检查其是否损坏、变形、失灵。绝缘工具并使用 2500V 及以上绝缘电阻表进行分段绝缘检测，电阻值应不低于 700MΩ。地面电工操作绝缘工具时应戴清洁、干燥的防汗手套，现场所使用的带电作业工具应放置在防潮帆布上，防止绝缘工具在使用中脏污和受潮
	8	对于盘形瓷质绝缘子，作业前，应准确复测劣质绝缘子的位置和片数，采用自由作业法进入电位时，扣除零（劣）值绝缘子、人体和工具短接绝缘子后，良好绝缘子最少片数不少于 37 片
	9	采用自由作业法进入电位，当作业人员平行移动至距导线侧均压环三片绝缘子处，应停止移动，利用电位转移棒进行电位转移
	10	等电位电工应穿合格全套屏蔽服，各部连接可靠，转移电位时必须使用电位转移棒
	11	等电位电工在进出电位过程中，其与接地体和带电体之间的组合间隙不小于 6.9（中相）/6.7（边相）m
	12	等电位电工在走线时，必须系好安全带，并有可靠的保护绳作后备保护（需将子导线全部兜住）；走线过程中，等电位电工应控制重心，防止导线翻转
	13	地面电工严禁在作业点垂直下方活动。作业时应防止高空落物，使用的工具、材料应用绳索传递
	14	现场所有工器具均应试验合格，不合格的和超出试验周期的工具严禁使用

（七）作业分工

√	序号	作业内容	分组负责人	作业人员
	1	工作负责人1名，全面负责作业现场的各项工作		
	2	专责监护人1名，负责现场安全管控		
	3	等电位电工1名负责进入等电位及更换导线间隔棒		
	4	地面电工2名负责传递负责传递工具、材料，及配合等电位电工进出等电位		

四、作业程序

（一）开工

√	序号	内　　　容	作业人员签字
	1	向调度申请开工，履行许可手续	
	2	正确合理的布置施工现场，并检测绝缘工具	
	3	工具检测合格后，工作负责人组织全体工作人员在现场列队宣读工作票，交待工作任务、安全措施、注意事项，工作班成员明确后，进行签字	
	4	工作负责人发布开始工作的命令	

（二）作业内容及标准

√	序号	作业内容	作业步骤及标准	安全措施及注意事项	责任人签字
	1	检查工具	（1）塔上作业电工正确地穿戴好屏蔽服并检测合格，由负责人监督检查。 （2）正确佩戴个人安全用具（大小合适，锁扣自如），由负责人监督检查。 （3）测量风速风向、湿度，检查绝缘工具的绝缘性能，并做好记录。 （4）组装吊篮	（1）金属、绝缘工具使用前，应仔细检查其是否损坏、变形、失灵。绝缘工具应使用2500V及以上绝缘电阻表进行分段绝缘检测，电阻值应不低于700MΩ，并用清洁干燥的毛巾将其擦拭干净。 （2）用万用表测量屏蔽服衣裤最远端点之间的电阻值不得大于20Ω。工作负责人认真检查作业电工屏蔽服的连接情况。 （3）检查工具组装情况并确认连接可靠。 （4）现场所使用的带电作业工具应放置在防潮帆布上	
	2	登塔	（1）核对线路双重名称无误后，塔上电工冲击检查安全带、防坠器受力情况。 （2）塔上电工携带绝缘传递绳登塔至横担作业点，选择合适位置系好安全带，将绝缘滑车和绝缘传递绳安装在横担合适位置。地面电工将绝缘传递绳分开作起吊准备	（1）核对线路双重名称无误后，方可登塔作业。 （2）登塔过程中应使用塔上安装的防坠装置；杆塔上移动及转位时，不准失去安全保护，作业人员必须攀抓牢固构件。 （3）作业电工必须穿全套合格的屏蔽服，且全套屏蔽服必须连接可靠。在杆塔上进出等电位前，等电位电工要检查确认屏蔽服装各部位连接可靠后方能进行下一步操作	

√	序号	作业内容	作业步骤及标准	安全措施及注意事项	责任人签字
	3	检测绝缘子	（1）地面电工将绝缘操作杆及绝缘子检测仪传至塔上。等电位电工对绝缘子进行检测。 （2）检测工作由地电位侧向高电位侧进，并做好记录	（1）检测绝缘子工作必须逐片进行，接触必须可靠。 （2）当良好绝缘子少于 37 片，立即停止作业	
	4	进入强电场	（1）等电位电工将安全带转移到绝缘子连接金具上，并戴好绝缘滑车和绝缘传递绳。 （2）等电位电工检查屏蔽服各部分连接良好后报经工作负责人同意，双手抓扶一串，双脚踩另一串，采用"跨二短三"方法沿绝缘子串进入等电位。 （3）当作业人员平行移动至距导线侧均压环 3 片绝缘子处时，应停止移动，利用电位转移棒进行电位转移	（1）等电位电工进入电位前必须得到工作负责人的许可。 （2）进入电位后安全带应系在不被更换绝缘子串侧并且位置合理，便于作业。 （3）等电位电工进入绝缘子串前必须系好保护绳，并调整好绝缘传递绳。 （4）等电位电工在进入电位过程中与接地和带电体两部分间隙所组成的组合间隙不得小于中相 6.9m（边相 6.7m）	
	5	更换导线间隔棒	（1）等电位电工进入等电位后，将安全带系在上子导线上，并装好走线绝缘保护绳（需将子导线全部兜住）。 （2）等电位电工携带绝缘传递绳走线至作业点，将绝缘滑车和绝缘传递绳安装在子导线上。 （3）等电位电工利用间隔棒专用扳手将旧间隔棒拆除，与地面电工配合利用绝缘传递绳将其放到地面。 （4）地面电工起吊新间隔棒至等电位电工处，等电位电工原位正确安装新间隔棒。注意保持间隔棒的平面与子导线垂直	（1）上、下作业电工要密切配合，听从工作负责人的指挥。 （2）杆塔上下传递工具时，绑扎绳扣应正确可靠，地电位电工和等电位电工不得高空落物。 （3）导线间隔棒在上下传递过程中，不得磕碰，传递绳索不得缠绕	
	6	退出电位	（1）经检查间隔棒安装牢固、作业点无遗留物后经工作负责人许可，等电位电工带好绝缘传递绳，作退出电位准备。 （2）等电位电工利用电位转移棒钩紧均压环，并进入距均压环的第 3 片绝缘子，一只手抓紧绝缘子，另一只手握电位转移棒，利用电位转移棒快速脱离电位。 （3）等电位电工按照"跨二短三"的方法退出等电位	（1）等电位电工退出电位前必须得到工作负责人的许可。 （2）等电位电工在退出电位过程中与接地体和带电体两部分间隙所组成的组合间隙不得小于中相 6.9m（边相 6.7m）。 （3）沿绝缘子串移动时，手要抓牢，脚要踏实	
	7	返回地面	塔上电工检查塔上无遗留物后，向工作负责人汇报，得到工作负责人同意后携带绝缘传递绳下塔	下塔过程中应使用塔上安装的防坠装置；杆塔上移动及转位时，不准失去安全保护，作业人员必须攀抓牢固构件	

（三）竣工

√	序号	内　　　容	负责人员签字
	1	清理现场及工具，认真检查杆（塔）上有无遗留物，工作负责人全面检查工作完成情况，清点人数，无误后，宣布工作结束，撤离施工现场	
	2	通知调度工作完毕，履行工作票完工手续	

（四）消缺记录

√	序号	缺　陷　内　容	消除人员签字

五、验收总结

序号	检　修　总　结	
1	验收评价	
2	存在问题及处理意见	

六、指导书执行情况评估

评估内容	符合性	优		可操作项	
	可操作性	良		不可操作项	
		优		修改项	
		良		遗漏项	
存在问题					
改进意见					

七、设备/工具图

图 7-1　1000kV 交流输电线路带电更换间隔棒专用棘轮扳手

项目七

八、作业项目关键步骤及图片

关键步骤	图　　片
检测绝缘工具绝缘电阻	
屏蔽服连接检查	
气象条件检查	

关键步骤	图　　片
安全带、防坠器、保护绳冲击检查	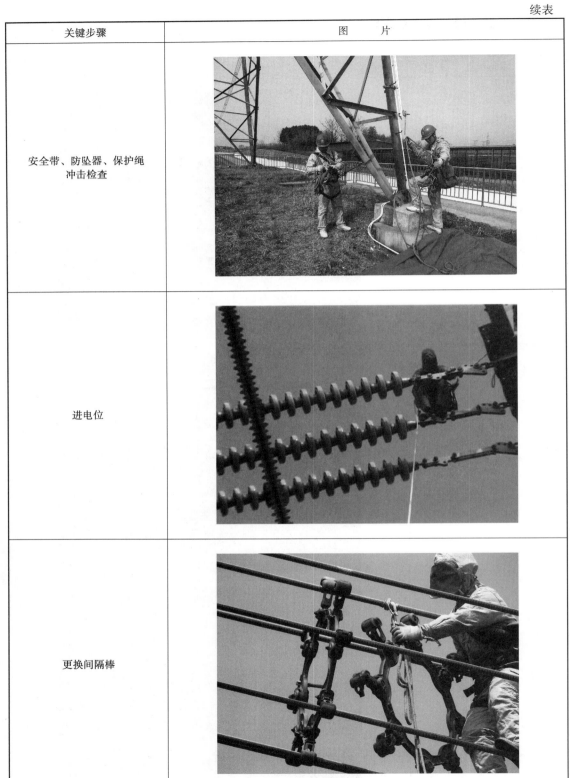
进电位	
更换间隔棒	

项目七

项目八

带电更换1000kV交流输电线路架空地线防振锤作业指导书

编号：Q/×××

带电更换1000kV××线×××号塔×相×号第×个架空地线防振锤作业指导书

编写：_____　　___年___月___日

审核：_____　　___年___月___日

批准：_____　　___年___月___日

作业负责人：_____

作业日期：　　年　月　日　　时至　　年　月　日　　时

一、适用范围

本作业指导书适用于带电更换 1000kV 交流输电线路架空地线防振锤作业。本作业指导书示范案例为带电更换国家电网公司特高压试验基地 1000kV 交流单回试验线路 002 号直线塔右相小号第 1 个架空地线防振锤。

二、引用文件

GB/T 2900.55—2002　　电工术语 带电作业

GB/T 6568—2008　　带电作业用屏蔽服装

GB/T 13034—2008　　带电作业用绝缘滑车

GB/T 13035—2008　　带电作业用绝缘绳索

GB/T 14286—2008　　带电作业工具设备术语

GB/T 18037—2000　　带电作业工具基本技术要求与设计导则

GB/T 19185—2008　　交流线路带电作业安全距离计算方法

GB/T 25726—2010　　1000kV 交流带电作业用屏蔽服装

DL/T 307—2010　　1000kV 交流输电线路运行规程

DL/T 876—2004　　带电作业绝缘配合导则

DL/T 877—2004　　带电作业用工具、装置和设备使用的一般要求

DL/T 878—2004　　带电作业用绝缘工具试验导则

DL/T 966—2005　　送电线路带电作业技术导则

DL/T 976—2005　　带电作业工具、装置和设备预防性试验规程

GB 50665—2011　　1000kV 架空输电线路设计规范

DL/T 209—2008　　1000kV 交流输电线路检修规范

Q/GDW 304—2009　　1000kV 直流输电线路带电作业技术导则

Q/GDW 1799.2—2013　　国家电网公司电力安全工作规程（线路部分）

三、作业前准备

（一）前期工作安排

√	序号	内容	标准	责任人	备注
	1	现场勘察	勘察杆塔周围环境、缺陷部位和严重程度、导线规格、绝缘子规格、地形状况等。判断能否采用带电作业		
	2	查阅有关资料	查阅有关资料，确定使用的工具和材料型号，提出采用作业的方法，并编制作业指导书		
	3	办理工作票	工作负责人根据工作性质办理工作票		
	4	组织现场作业电工学习作业指导书	掌握整个操作程序，熟悉自己所担当的工作任务和操作中的危险点及控制措施		

（二）人员要求

√	序号	内 容	责任人	备注
	1	熟悉 Q/GDW 1799.2—2013《国家电网公司电力安全工作规程（线路部分）》，并经考试合格		
	2	作业人员通过职业技能鉴定，并取得带电作业的资质证书		
	3	作业人员身体健康、精神状态应良好，并无妨碍作业的生理和心理障碍		
	4	所派工作负责人和工作班电工是否适当和充足，作业电工的技术水平能否适应所承担的工作任务		
	5	穿戴合格劳动保护服装，作业人员个人安全用具齐全		
	6	掌握紧急救护法、触电解救法		

（三）工器具

√	序号	名称	型号	单位	数量	备注
	1	绝缘传递绳	TJS-12	根	1	
	2	绝缘保护绳	TJS-16	根	1	
	3	绝缘滑车	JH10-1	个	1	
	4	专用扳手		把	1	
	5	地线接地棒		套	1	
	6	绝缘电阻表	2500V 及以上	块	1	
	7	风速风向仪		块	1	
	8	温湿度表		块	1	
	9	万用表		块	1	
	10	防潮帆布	2m×4m	块	2	
	11	绝缘千斤		根	4	
	12	屏蔽服	屏蔽效率≥60dB（屏蔽面罩屏蔽效率≥20dB）	套	2	
	13	防坠器	与杆塔防坠落装置型号对应	只	2	

注：绝缘工器具机械及电气强度均应满足《安规》要求，周期预防性及检查性试验合格。

（四）材料

√	序号	名称	型号	单位	数量	备注
	1	防振锤		个	2	

（五）危险点分析

√	序号	内 容
	1	登塔和塔上作业时违反《安规》进行操作，等电位电工在作业过程中不系保护绳，可能引起的高空坠落
	2	地面电工在作业过程中不加垫防潮帆布，不带防汗手套，可能引起的工具受潮和污染
	3	地电位电工与带电体安全距离不够可能引起的触电伤害

续表

√	序号	内　　容
	4	地电位电工在接触架空地线前，不将架空地线可靠接地，可能引起的触电伤害
	5	地电位电工所穿屏蔽服接触不良可能引起的触电伤害
	6	地电位电工安全带没有系在牢固构件上或系安全带后扣环没有扣好，会发生高空坠落
	7	高空作业人员在作业过程中可能造成的坠物伤人
	8	绝缘工具的有效绝缘长度不够可能造成的导线对地放电
	9	不办理工作票，不核对杆塔设备编号，可能造成的误登塔触电伤害事故
	10	不进行安全措施、技术措施和工作任务交底可能造成的误操作事故

（六）安全措施

√	序号	内　　容
	1	带电作业必须在天气良好的情况下进行，如遇雷电（听见雷声、看见闪电）、雪、雹、雨、雾等，禁止进行带电作业，风力大于 5 级，或湿度大于 80％时，不宜进行带电作业
	2	在带电杆、塔上工作，必须使用安全带和戴安全帽。在杆塔上作业转位时，不得失去安全保护。登塔时手应抓牢。脚应踏实，安全带系在牢固部件上并且位置合理，便于作业
	3	严格执行工作票制度，向调度申请停用自动重合闸。在带电作业过程中如设备突然停电，作业电工应视设备仍然带电
	4	登塔前作业人员应核对线路双重名称，并对安全防护用品和防坠器进行试冲击检查，对安全带进行外观检查
	5	登塔过程中应使用塔上安装的防坠装置；杆塔上移动及转位时，作业人员必须攀抓牢固构件，安全带系在牢固部件上并且位置合理，便于作业
	6	地电位电工与带电体的安全距离不得小于 6.8（中相）/6.0（边相）m，绝缘工具有效长度不得小于 6.8m
	7	带电作业工具使用前，仔细检查、确认没有损坏、受潮、变形、失灵。否则禁止使用，绝缘工具应使用 2500V 及以上绝缘电阻表进行分段绝缘检测（电极宽 2cm，极间宽 2cm），阻值应不低于 700MΩ
	8	地面电工操作绝缘工具时应戴清洁、干燥的手套，进入作业现场应将使用的带电作业工具应放置在防潮的帆布或绝缘垫上，防止绝缘工具在使用中脏污和受潮
	9	地电位电工攀登杆塔至作业点后，安全带、保护绳应分别系在牢固构件上
	10	地面电工严禁在作业点垂直下方活动。塔上电工应防止高空落物，使用的工具、材料应用绳索传递
	11	地电位电工应穿合格全套屏蔽服，各部连接可靠，转移电位时必须使用电位转移棒
	12	现场所有工器具均应试验合格，不合格的和超出试验周期的工具严禁使用

（七）作业分工

√	序号	作业内容	分组负责人	作业人员
	1	工作负责人 1 名，全面负责作业现场的各项工作		
	2	专责监护人 1 名，负责现场安全管控		
	3	地电位电工 1 名，负责地电位带电更换架空地线防振锤		
	4	地面电工 2 名，负责传递负责作业用材料及工器具		

四、作业程序

(一) 开工

√	序号	内　　容	作业人员签字
	1	向调度申请开工，履行许可手续	
	2	正确合理的布置施工现场，并检测绝缘工具	
	3	工具检测合格后，工作负责人组织全体工作人员在现场列队宣读工作票，交代工作任务、安全措施、注意事项，工作班成员明确后，进行签字	
	4	工作负责人发布开始工作的命令	

(二) 作业内容及标准

√	序号	作业内容	作业步骤及标准	安全措施及注意事项	责任人签字
	1	检查工具	(1) 塔上作业电工正确地穿戴好屏蔽服并检测合格，由负责人监督检查。 (2) 正确佩戴个人安全用具（大小合适，锁扣自如），由负责人监督检查。 (3) 测量风速风向、湿度，检查绝缘工具的绝缘性能，并做好记录	(1) 金属、绝缘工具使用前，应仔细检查其是否损坏、变形、失灵。绝缘工具应使用 2500V 及以上绝缘电阻表进行分段绝缘检测，电阻值应不低于 700MΩ，并用清洁干燥的毛巾将其擦拭干净。 (2) 用万用表测量屏蔽服衣裤最远端点之间的电阻值不得大于 20Ω。工作负责人认真检查作业电工屏蔽服的连接情况。 (3) 检查工具组装连接情况。 (4) 现场所使用的带电作业工具应放置在防潮帆布上	
	2	登塔	(1) 核对线路双重名称无误后，地电位电工冲击检查安全带、防坠器受力情况。 (2) 地电位电工携带绝缘传递绳登塔至地线支架作业点，选择合适位置系好安全带、保护绳，将绝缘滑车和绝缘传递绳安装在地线支架合适位置。配合地面电工将绝缘传递绳分开作起吊准备	(1) 核对线路双重名称无误后，方可登塔作业。 (2) 登塔过程中应使用塔上安装的防坠装置；杆塔上移动及转位时，不准失去安全保护，作业人员必须攀抓牢固构件。 (3) 地电位电工必须穿全套合格的屏蔽服，且全套屏蔽服必须连接可靠后方能进行下一步操作	
	3	更换地线防振锤	(1) 地面电工将地线接地棒传递至地位电工，地电位电工用地线接地棒将架空地线可靠接地。 (2) 地电位电工由地线支架处转移至架空地线合理的作业位置。利用专用扳手将受损防振锤拆除，并通过绝缘传递绳传递至地面。 (3) 地面电工将新地线防振锤传递至地电位电工作业点附近，地电位电工将新地线防振锤牢固安装	(1) 接地操作时，先接接地端，后接地线端。 (2) 地电位电工在转移作业位置时，不得失去安全保护。到达作业点后，应检查安全带、保护绳的安装情况，检查无误后方开始作业。 (3) 传递时绝缘吊绳要起吊平稳、无磕碰、无缠绕。并与带电体保持足够的安全距离。 (4) 地电位电工在安装新的地线防振锤时，应符合规范，不得任意改变地线防振锤的安装位置	

续表

√	序号	作业内容	作业步骤及标准	安全措施及注意事项	责任人签字
	4	拆除工具返回地面	地电位电工完成安装工作后,检查地线防振锤的安装情况,并确认塔上无遗留物后,向工作负责人汇报,得到工作负责人同意后携带绝缘传递绳下塔	(1) 工具在传递过程中不得碰撞,绑扎绳扣应正确可靠。 (2) 下塔过程中应使用塔上安装的防坠装置;杆塔上移动及转位时,不准失去安全保护,作业人员必须攀抓牢固构件	

(三)竣工

√	序号	内容	负责人员签字
	1	清理现场及工具,认真检查杆(塔)上有无遗留物,工作负责人全面检查工作完成情况,清点人数,无误后,宣布工作结束,撤离施工现场	
	2	通知调度工作完毕,履行工作票完工手续	

(四)消缺记录

√	序号	缺陷内容	消除人员签字

五、验收总结

序号	检修总结	
1	验收评价	
2	存在问题及处理意见	

六、指导书执行情况评估

评估内容	符合性	优		可操作项	
		良		不可操作项	
	可操作性	优		修改项	
		良		遗漏项	
存在问题					
改进意见					

七、设备/工具图

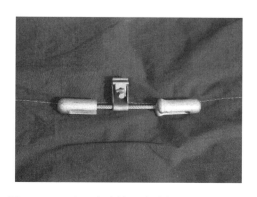

图 8-1 1000kV 交流输电线路架空地线防振锤

八、作业项目关键步骤及图片

关键步骤	图　　片
检测绝缘工具绝缘电阻	
屏蔽服连接检查	

关键步骤	图　片
气象条件检查	
安全带、防坠器、保护绳 冲击检查	

关键步骤	图　　片
更换防振锤	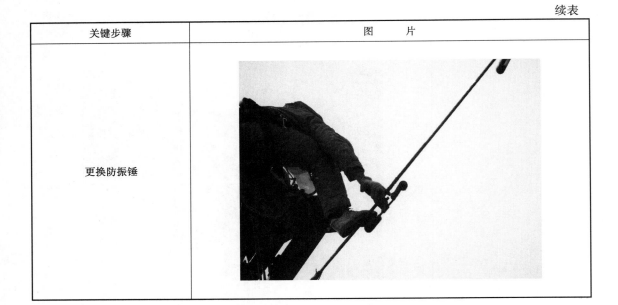

项目九

带电更换 1000kV 交流输电线路架空地线 直线金具作业指导书

编号：Q/×××

带电更换 1000kV×××线×××号塔×相架空地线 线夹作业指导书

编写：_____　　___年__月__日

审核：_____　　___年__月__日

批准：_____　　___年__月__日

作业负责人：_____

作业日期：　　年　月　日　　时至　　年　月　日　　时

一、适用范围

本作业指导书适用于带电更换 1000kV 交流输电线路架空地线直线金具作业。本作业指导书示范案例为带电更换国家电网公司特高压试验基地 1000kV 交流单回试验线路 002 号直线塔右相架空地线直线金具。

二、引用文件

GB/T 2900.55—2002　电工术语　带电作业

GB/T 6568—2008　带电作业用屏蔽服装

GB/T 13034—2008　带电作业用绝缘滑车

GB/T 13035—2008　带电作业用绝缘绳索

GB/T 14286—2008　带电作业工具设备术语

GB/T 18037—2000　带电作业工具基本技术要求与设计导则

GB/T 19185—2008　交流线路带电作业安全距离计算方法

GB/T 25726—2010　1000kV 交流带电作业用屏蔽服装

GB 50665—2011　1000kV 架空输电线路设计规范

DL/T 209—2008　1000kV 交流输电线路检修规范

DL/T 307—2010　1000kV 交流输电线路运行规程

DL/T 876—2004　带电作业绝缘配合导则

DL/T 877—2004　带电作业用工具、装置和设备使用的一般要求

DL/T 878—2004　带电作业用绝缘工具试验导则

DL/T 966—2005　送电线路带电作业技术导则

DL/T 976—2005　带电作业工具、装置和设备预防性试验规程

Q/GDW 304—2009　1000kV 直流输电线路带电作业技术导则

Q/GDW 1799.2—2013　国家电网公司电力安全工作规程（线路部分）

三、作业前准备

（一）前期工作安排

√	序号	内容	标准	责任人	备注
	1	现场勘察	勘察杆塔周围环境、缺陷部位和严重程度、导线规格、绝缘子规格、地形状况等。判断能否采用带电作业		
	2	查阅有关资料	查阅有关资料，确定使用的工具和材料型号，提出采用作业的方法，并编制作业指导书		
	3	办理工作票	工作负责人根据工作性质办理工作票		
	4	组织现场作业电工学习作业指导书	掌握整个操作程序，熟悉自己所担当的工作任务和操作中的危险点及控制措施		

项目九

（二）人员要求

√	序号	内　容	责任人	备注
	1	熟悉 Q/GDW 1799.2—2013《国家电网公司电力安全工作规程（线路部分）》，并经考试合格		
	2	作业人员通过职业技能鉴定，并取得带电作业的资质证书		
	3	作业人员身体健康、精神状态应良好，并无妨碍作业的生理和心理障碍		
	4	所派工作负责人和工作班电工是否适当和充足，作业电工的技术水平能否适应所承担的工作任务		
	5	穿戴合格劳动保护服装，作业人员个人安全用具齐全		
	6	掌握紧急救护法、触电解救法		

（三）工器具

√	序号	名称	型号	单位	数量	备注
	1	绝缘传递绳	TJS-12	根	1	
	2	绝缘保护绳	TJS-16	根	1	
	3	绝缘滑车	JH10-1	个	1	
	4	地线提线器		套	1	
	5	绝缘电阻表	5000V	块	1	
	6	风速风向仪		块	1	
	7	温湿度表		块	1	
	8	万用表		块	1	
	9	防潮帆布	2m×4m	块	2	
	10	绝缘千斤		根	4	
	11	屏蔽服	屏蔽效率≥60dB（屏蔽面罩 屏蔽效率≥20dB）	套	2	
	12	防坠器	与杆塔防坠落装置型号对应	只	3	
	13	地线保护吊带	5T（2.0m）	根	1	
	14	架空地线专用接地棒		套	1	

注：绝缘工器具机械及电气强度均应满足《安规》要求，周期预防性及检查性试验合格。

（四）材料

√	序号	名称	型号	单位	数量	备注
	1	直角挂板	ZH-10	件	1	
	2	挂点金具	GD-12S	件	1	
	3	U型挂环	U-10	件	1	
	4	挂板	ZS-10	件	1	
	5	悬垂线夹	XGU-2F	套	1	

（五）危险点分析

✓	序号	内　　容
	1	登塔和塔上作业时违反《安规》进行操作，等电位电工在作业过程中不系保护绳，可能引起的高空坠落
	2	地面电工在作业过程中不加垫防潮帆布，不带防汗手套，可能引起的工具受潮和污染
	3	地电位电工在接触架空地线前，不将架空地线可靠接地，可能引起的触电伤害
	4	地电位电工与带电体安全距离不够可能引起的触电伤害
	5	地电位电工所穿屏蔽服接触不良可能引起的触电伤害
	6	地电位电工安全带没有系在牢固构件上或系安全带后扣环没有扣好，可能会发生的高空坠落
	7	更换地线金具前没有采取防止地线脱落的后备保护措施可能导致的地线脱落
	8	高空作业人员在作业过程中可能造成的坠物伤人
	9	绝缘工具的有效绝缘长度不够可能造成的导线对地放电
	10	不办理工作票，不核对杆塔设备编号，可能造成的误登塔触电伤害事故
	11	不进行安全措施、技术措施和工作任务交底可能造成的误操作事故

（六）安全措施

✓	序号	内　　容
	1	带电作业必须在天气良好的情况下进行，如遇雷电（听见雷声、看见闪电）、雪、雹、雨、雾等，禁止进行带电作业，风力大于 5 级，或湿度大于 80% 时，不宜进行带电作业
	2	在带电杆、塔上工作，必须使用安全带和戴安全帽。在杆塔上作业转位时，不得失去安全保护。登塔时手应抓牢。脚应踏实，安全带系在牢固部件上并且位置合理，便于作业
	3	严格执行工作票制度，向调度申请停用自动重合闸。在带电作业过程中如设备突然停电，作业电工应视设备仍然带电
	4	登塔前作业人员应核对线路双重名称，并对安全防护用品和防坠器进行试冲击检查，对安全带进行外观检查
	5	登塔过程中应使用塔上安装的防坠装置；杆塔上移动及转位时，作业人员必须攀抓牢固构件，安全带系在牢固部件上并且位置合理，便于作业
	6	地电位电工与带电体的安全距离不得小于 6.8（中相）/6.0（边相）m，绝缘工具有效长度不得小于 6.8m
	7	带电作业工具使用前，仔细检查、确认没有损坏、受潮、变形、失灵。否则禁止使用，绝缘工具应使用 2500V 及以上绝缘电阻表进行分段绝缘检测（电极宽 2cm，极间宽 2cm），阻值应不低于 700MΩ
	8	地面电工操作绝缘工具时应戴清洁、干燥的手套，进入作业现场应将使用的带电作业工具应放置在防潮的帆布或绝缘垫上，防止绝缘工具在使用中脏污和受潮
	9	地电位电工攀登杆塔至作业点后，安全带、保护绳应分别系在牢固构件上
	10	更换地线金具前应采取防止地线脱落的后备保护措施，防止地线脱落
	11	地面电工严禁在作业点垂直下方活动。塔上电工应防止高空落物，使用的工具、材料应用绳索传递
	12	地电位电工应穿合格全套屏蔽服，各部连接可靠，转移电位时必须使用电位转移棒
	13	现场所有工器具均应试验合格，不合格的和超出试验周期的工具严禁使用

项目九

（七）作业分工

√	序号	作业内容	分组负责人	作业人员
	1	工作负责人1名，全面负责作业现场的各项工作		
	2	专责监护人1名，负责现场安全管控		
	3	地电位电工1名，负责地电位更换架空地线金具		
	4	地面电工2名，负责传递负责作业用材料及工器具		

四、作业程序

（一）开工

√	序号	内　　容	作业人员签字
	1	向调度申请开工，履行许可手续	
	2	正确合理的布置施工现场，并检测绝缘工具	
	3	工具检测合格后，工作负责人组织全体工作人员在现场列队宣读工作票，交代工作任务、安全措施、注意事项，工作班成员明确后，进行签字	
	4	工作负责人发布开始工作的命令	

（二）作业内容及标准

√	序号	作业内容	作业步骤及标准	安全措施及注意事项	责任人签字
	1	检查工具	（1）地电位电工正确地穿戴好屏蔽服并检测合格，由负责人监督检查。 （2）正确佩戴个人安全用具（大小合适，锁扣自如），由负责人监督检查。 （3）测量风速风向、湿度，检查绝缘工具的绝缘性能，并做好记录。 （4）组装吊篮	（1）金属、绝缘工具使用前，应仔细检查其是否损坏、变形、失灵。绝缘工具应使用5000V绝缘电阻表进行分段绝缘检测，电阻值应不低于700MΩ，并用清洁干燥的毛巾将其擦拭干净。 （2）用万用表测量屏蔽服衣裤最远端点之间的电阻值不得大于20Ω。工作负责人认真检查作业电工屏蔽服的连接情况。 （3）检查工具组装连接情况。 （4）现场所使用的带电作业工具应放置在防潮帆布上	
	2	登塔	（1）核对线路双重名称无误后，地电位电工冲击检查安全带、防坠器受力情况。 （2）地电位电工携带绝缘传递绳登塔至地线支架作业点，选择合适位置系好安全带、保护绳，将绝缘滑车和绝缘传递绳安装在地线支架合适位置。然后配合地面电工将绝缘传递绳分开起吊准备。 （3）地面电工起吊地线接地棒，地电位电工将地线可靠接地	（1）核对线路双重名称无误后，方可登塔作业。 （2）登塔过程中应使用塔上安装的防坠装置；杆塔上移动及转位时，不准失去安全保护，作业人员必须攀抓牢固构件。 （3）地电位电工必须穿全套合格的屏蔽服，且全套屏蔽服必须连接可靠后方能进行下一步操作。 （4）接地过程中应先接接地侧，后接地线侧	

续表

√	序号	作业内容	作业步骤及标准	安全措施及注意事项	责任人签字
	3	安装工具并转移地线荷载	（1）地面电工将地线提线器传给地电位电工，地电位电工正确地安装好全部工具。（2）地电位电工将地线保护吊带安装至合理位置，确保安装正确。（3）工具安装完毕检查无误后，地电位电工收紧地线提线器丝杆，将地线金具上的垂直荷载转移到地线提线器	（1）上、下作业电工要密切配合，地面电工要听从地电位电工的指挥。（2）地电位电工要保持对带电体的最小安全距离不得小于 6.8m，绝缘绳索的有效绝缘长度不得小于6.8m。（3）杆塔上下传递工具绑扎绳扣应正确可靠，地电位电工在作业过程中禁止高空落物。（4）地线提线器受力应均匀	
	4	拆除原地线金具	检查地线提线器受力部件无误后，地电位电工收紧地线提线器使地线金具松弛后，拆除原地线金具	地线金具更换前，必须详细检查地线提线器受力部件是否正常、良好，经工作负责人同意方可拆除原地线金具	
	5	更换新地线金具	地面电工起吊新地线金具至地线支架附近，地电位电工换上新地线金具	（1）操作时注意不要冲击地线提线器。（2）工具在传递过程中不得碰撞，绑扎绳扣应正确可靠	
	6	拆除工具返回地面	（1）经检查连接可靠后，报告工作负责人。地电位电工得到工作负责人同意后，松地线提线器，拆除地线提线器及地线防脱保护吊带并传至地面。（2）检查无误后，地电位电工拆除接地线，带吊绳下塔	（1）拆除接地线过程中应先拆地线侧后拆接地侧。（2）下塔时，手要抓牢，脚要踏实	

（三）竣工

√	序号	内　　　容	负责人员签字
	1	清理现场及工具，认真检查杆（塔）上有无遗留物，工作负责人全面检查工作完成情况，清点人数，无误后，宣布工作结束，撤离施工现场	
	2	通知调度工作完毕，履行工作票完工手续	

（四）消缺记录

√	序号	缺　陷　内　容	消除人员签字

五、验收总结

序号	检　修　总　结	
1	验收评价	
2	存在问题及处理意见	

六、指导书执行情况评估

评估内容	符合性	优		可操作项	
		良		不可操作项	
	可操作性	优		修改项	
		良		遗漏项	
存在问题					
改进意见					

七、设备/工具图

（a） （b）

图 9-1　1000kV 交流输电线路架空地线直线金具和带电作业专用工具
（a）架空地线线夹；（b）地线提线器

八、作业项目关键步骤及图片

关键步骤	图　　片
检测绝缘工具绝缘电阻	

关键步骤	图 片
屏蔽服连接检查	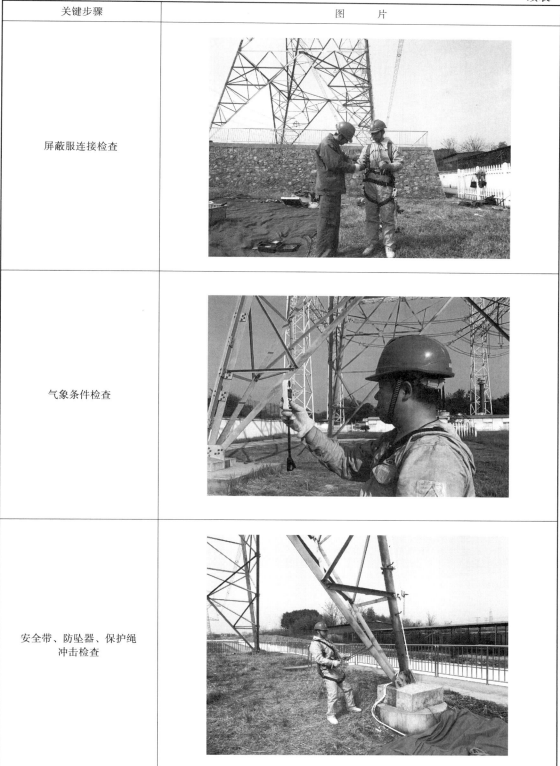
气象条件检查	
安全带、防坠器、保护绳 冲击检查	

关键步骤	图 片
更换地线金具	